Klaus Groth

Verbrennungskraft-maschinen

Klaus Groth

Grundzüge des Kolbenmaschinenbaus I

Verbrennungskraftmaschinen

Unter Mitarbeit von Gerhart Rinne und
Friedhelm Hage

Mit 124 Abbildungen

vieweg

Die Deutsche Bibliothek – CIP-Einheitsaufnahme
Groth, Klaus:
Grundzüge des Kolbenmaschinenbaus / Klaus Groth.
Unter Mitarb. von Gerhart Rinne und Friedhelm Hage. -
Braunschweig; Braunschweig: Vieweg.
1. Verbrennungskraftmaschinen. - 1994
ISBN 3-528-06588-5

Die Autoren:
Univ.-Prof. em. Dr.-Ing. Klaus Groth, Universität Hannover, Institut für Verbrennungskraftmaschinen
Prof. Friedhelm Hage, Fachhochschule Osnabrück
Prof. Gerhart Rinne, Fachhochschule Wolfenbüttel

Der Verlag Vieweg ist ein Unternehmen der Verlagsgruppe Bertelsmann International.

Umschlaggestaltung: Klaus Birk, Wiesbaden
Druck und buchbinderische Verarbeitung: W. Langelüddecke, Braunschweig
Gedruckt auf säurefreiem Papier
Printed in Germany

ISBN 3-528-06588-5

Vorwort

Der Inhalt des vorliegenden Buches basiert auf einem bisher im Selbstverlag erschienenen Vorlesungsskript für eine Einführungsvorlesung des Verfassers an der Universität Hannover, das seit 1975 als Teil 1 eines dreiteiligen Werkes „Grundzüge des Kolbenmaschinenbaus“ fünf Auflagen mit ständiger Anpassung und Ergänzung an den aktuellen Stand des Verbrennungskraftmaschinenbaus bis 1989 erfahren hat. Das Buch hat in der vorliegenden Verfassung vielen Generationen von Studierenden zur Einführung in den Verbrennungskraftmaschinenbau gedient. Es hat sich dabei sehr gut bewährt, sodaß der Erstverfasser gern dem Vorschlag des Vieweg Verlages folgte, einerseits das weitere Fortbestehen in Neuauflagen zu sichern und andererseits den Verbreitungsbereich zu vergrößern. Dazu konnten die beiden Professoren Dr. Gerhart Rinne, FHS Wolfenbüttel und Dr. Friedhelm Hage, FHS Osnabrück als zukünftige Mitautoren gewonnen werden.

Wir hoffen sehr, daß das Buch auch in dieser Neuauflage wieder als kurzgefaßte Einführung in das faszinierende Gebiet der Verbrennungskraftmaschinen einschließlich der Rotationskolbenmaschinen sich als besonders geeignet erweist für Studierende der Universitäten, Technischen Hochschulen und Fachhochschulen als *text book* zur Erleichterung der Konzentration während der Vorlesung und zum Selbststudium, aber auch als einfache Orientierungshilfe für den Ingenieur, der nicht täglich mit Verbrennungskraftmaschinen zu tun hat.

Den früheren Mitarbeitern des Herausgebers und Erstverfassers Dr. G. Rinne, Dr. P. Kuhlmann, Dr. H. Rulfs, Dr. Ch. Teetz, Dr. H. Middendorf und Dr. S. Etzold sei für die Überarbeitung der jeweiligen Auflagen, Herrn cand. mach. R. Flüg für die Umstellung auf Textverarbeitung, dem Vieweg Verlag für die Verlagsarbeit und Herausgabe gedankt.

Hannover, im August 1993

Der Herausgeber

Inhaltsverzeichnis

Vergleich der Maßsysteme

	SI - System	Technisches Maßsystem
Grund-einheit	1 kg	1 kp
Masse	1 kg	$1\ kp\ \frac{s^2}{m} = 9,81$ kg
Kraft	$1N = 1\ \frac{kgm}{s^2}$	$1\ kp = 9,81\ \frac{kgm}{s^2} = 9,81\ N$
Arbeit	$1\ J = 1\ Nm = 1\ Ws$	$1\ kpm = 9,81\ Nm$
		$1\ kcal = 9,81 \cdot 427\ Nm = 4187\ Nm$
Leistung	$1\ W = 10^{-3}\ kW$	1 PS $= 75 \frac{kpm}{s} = 75 \cdot 9,81\ W$
	$1\ W = 1\ \frac{Nm}{s}$	1 PS $= 736\ W$
		$1\ \frac{kcal}{h} = \frac{4187}{3600}\ \frac{Nm}{s} = 1,163\ W$
Druck	1 bar $= 10^5\ \frac{N}{m^2}$	$1\ at = 1\ \frac{kp}{cm^2} = 0,981$ bar

International gebräuchliche Bezeichnungen

Leistung	(power)	P	früher:	N
Arbeit	(work)	W		L
Kraft	(force)	F		P
Fläche	(area)	A		F

1 Einleitung

Gegenstand der Vorlesung sind die Maschinen mit „atmenden", d.h. veränderlichem Arbeitsraumvolumen.

1.1 Einteilung der Kolbenmaschinen

1.1.1 Kolbenkraftmaschinen

- Motoren mit innerer Verbrennung (engl.: internal combustion, Abk. „I.C.")
- Motoren mit äußerer Verbrennung (engl.: external combustion, Abk. „E.C.")

1.1.2 Kolbenarbeitsmaschinen

- Kolbenpumpen und -kompressoren

1.2 Geschichte der Triebwerke

Kurbeltriebe [1][2][3] [1]

Altertum	von Hand betätigte Kurbel (ohne Schubstange)
15. Jahrh.	Antrieb von Schleifscheiben, Holzdrehbänken u.ä durch Tretkurbeln
1780	Kurbeltrieb wird bei atmosphärischer Dampfmaschine eingeführt.
1784	James Watt meldet neuartige Geradführungen zum Patent an (Wattsche Paralellogramm-Lenkerführung, Geradführung mit abrollenden Kreissegmenten)
ca. 1850	Dampfmaschinen mit kreuzkopfähnlicher Geradführung werden gebaut
1876	N.A. Otto baut ersten Viertaktmotor in Tauchkolbenaus führung
Rhombentriebwerk	
1953	Rhombentriebwerk für Philips-Stirling-Motor wird zum Patent angemeldet
Rotationskolbentriebwerke	
1636	Pappenheim erfindet Zahnradpumpe (außenachsige Drehkolbenmaschine)
1846	Galloway baut innenachsige Kreiskolbendampfmaschine 1:1
1938	Sensaud de Levaud baut Viertakt-Drehkolbenmotor 5:6
1943	Maillard meldet Zweitakt-Kreiskolbenmaschine 2:3 zum Patent an
1954	F. Wankel meldet Viertakt-Drehkolbenmotor 2:3 und Viertakt-Kreiskolbenmotor 2:3 zum Patent an

[1] Eckige Klammern verweisen auf das Literaturverzeichnis

1.3 Kolbentriebwerke

1.3.1 Oszillierende zylindrische Kolben

Kurbeltriebwerk

Bild 1.1 Kurbeltriebwerke

Taumelscheibe

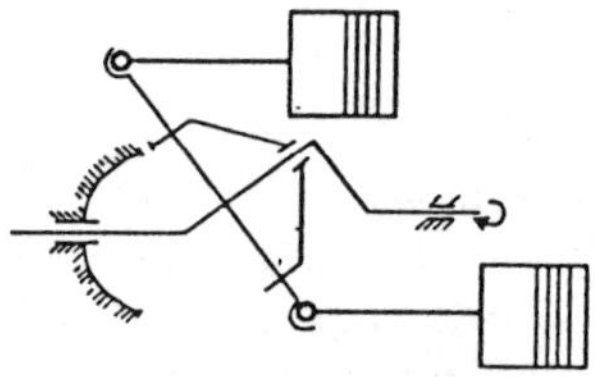

Bild 1.2
Taumelscheibe

Rotationskolben

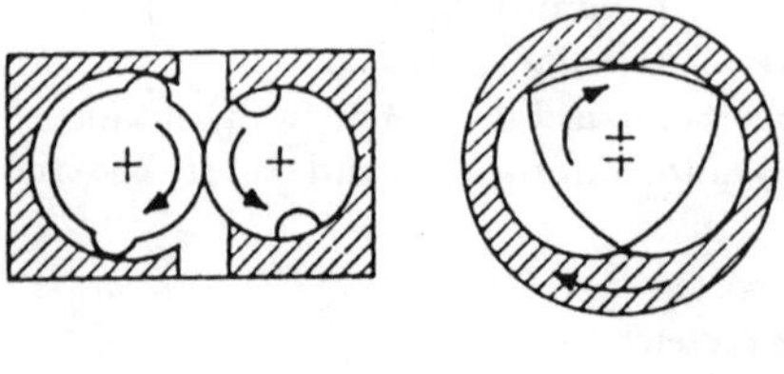

Bild 1.3
Drehkolben (DKM)

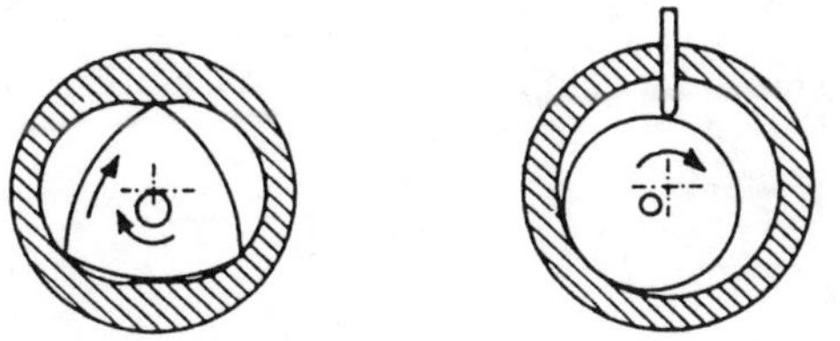

Bild 1.4
Kreiskolben(KKM) und Rollkolben

Kennzeichen <u>DKM</u> Jedes Bauteil dreht sich gleichförmig um eigene raumfeste Achse.
Direkt auswuchtbar

<u>KKM</u> Schwerpunkt des einen rotiert um feste Achse des anderen Teiles. Dabei dreht es sich zusätzlich um eigene Achse.
Indirekt auswuchtbar

(Weitere Bilder: Siehe Anhang Seite I)

1.4 Maschinentechnische Einteilung der Wärmekraftmaschinen, Einordnung der Verbrennungskraftmaschinen

	Innere Verbrennung		Äußere Verbrennung	
Art des Arbeitsmittel kreislauf	offen	geschlossen	offen	geschlossen
Maschinenart / Arbeitsmittel	K o l b e n m a s c h i n e n (einschl. Rotationskolbenmaschinen)			
gasförmig	Otto- Diesel- motor	Kreislauf Motoren (z.B. Torpedoantrieb)	z.B. Heißluft- motor	Philips- Stirling- motor
dampfförmig			Auspuff- Dampf- maschine	Kondensations- Dampf- maschine
Maschinenart / Arbeitsmittel	S t r ö m u n g s m a s c h i n e n			
gasförmig	(u.U. Strahl- triebwerk)		Gasturbine (aerodyn. Wärmekraftmasch.)	
dampfförmig	z.B. H_2O_2- Walterturbine		Auspuff- Dampfturbine	Kondensations- Dampfturbine

Bei Kolbenmaschinen ist die Strömung des Mediums <u>diskontinuierlich</u> und daher die theoretische Behandlung meist schwieriger als bei Strömungsmaschinen. Dieselmotoren werden z.B. im Leistungsbereich von 0,1 bis ca. 40 000 kW gebaut. (Höchster Wirkungsgrad $> 50\%$).

Kennzeichnend für den Leistungsbereich von z.B. Otto-Sportmotoren ist die Tabelle 1 im Anhang Seite II.
Zu den Vorteilen von Verbrennungsmotoren gehört ihr hoher Wirkungsgrad in sehr weitem Leistungsbereich.
(Siehe Bild 20.3 Anhang Seite 113)[2]

1.5 Thermodynamische Vergleichsprozesse, Einordnung der Verbrennungskraftmaschinen

Autor bzw Erfinder	Idealer Vergleichsprozeß	Zustandsänderung	p,V-Diagramm	T,s-Diagramm	Regenerat.-Bedingungen
Carnot	Dampfmaschine	2 Isothermen 2 Adiabaten	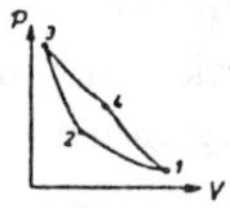	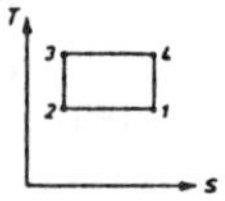	nein
Stirling	Heißluft-Kolbenmaschine	2 Isothermen 2 Isochoren	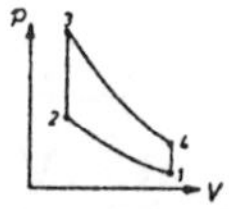	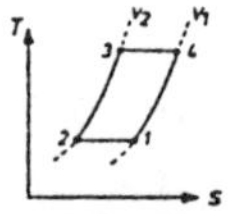	ja
Ericson	Heißluft-Strömungsmaschine	2 Isothermen 2 Isobaren	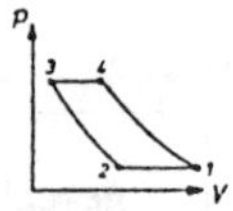	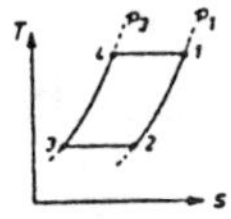	ja
Joule	Heißluft-Strömungsmaschine	2 Adiabaten 2 Isobaren	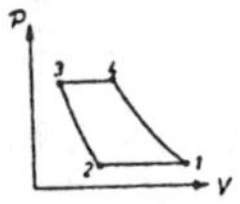	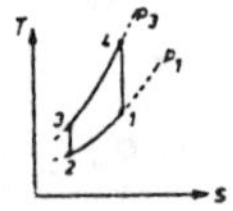	ja, wenn $T_1 > T_3$
Otto	Verbrennungsmotor	2 Adiabaten 2 Isochoren	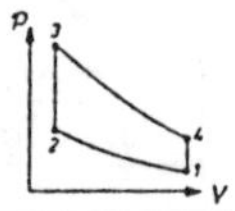	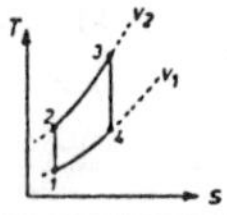	ja, wenn $T_4 > T_2$
Seiliger	Dieselmotor	2 Adiabaten 2 Isochoren 2 Isobaren	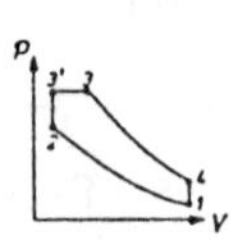	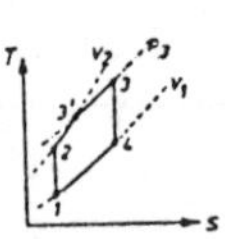	ja, wenn $T_4 > T_2$

[2] Der Kraftstoffverbrauch der Verbrennungskraftmaschinen als Fahrzeugantrieb läßt sich zum Vergleich als Kraftstoff-Faden darstellen, den das Fahrzeug „verschluckt". Anhang S.III.

2 Otto-, Diesel- und Stirlingmotor

Als Beispiel für Motoren mit „innerer Verbrennung“ werden Otto- und Dieselmotoren, als Beispiel für „äußere Verbrennung“ hier der Stirlingmotor behandelt.

2.1 Ottomotor

(s. Bild Anhang S. XIV)
Der Ottomotor ist eine Verbrennungsmaschine mit zeitlich gesteuerter Fremdzündung. Das Kraftstoff-Luft-Gemisch muß dabei an der Zündkerze innerhalb der Zündgrenzen liegen.
Das übliche Verdichtungsverhältnis beträgt $\varepsilon = 7 \dots 11$
Sekundäre Kennzeichen des Otto-Verfahrens:
Kraftstoffzufuhr außerhalb des Brennraumes durch Vergaser, Saugrohr-Einspritzung oder Gasmischer bei Gasmotoren und seltener Zylinder-Einspritzung. Die Verbrennung erfolgt beim Ottomotor spontan. Es wird daher ein Vergleichsprozeß mit Energiezufuhr bei konstanten Volumen, d.h. „Gleichraum“, bevorzugt.
Die Leistungsregelung des Ottomotors erfolgt durchweg durch Drosselung, d.h. Quantitätsregelung, wobei das Luftverhältnis etwa konstant bleibt. Seltener wird Qualitätsregelung mit Ladungsschichtung angewendet.

2.2 Dieselmotor

(s. Bild Anhang S. XIV)
Der Dieselmotor ist eine Brennkraftmaschine mit Selbstzündung des Kraftstoffes an der durch hohe Verdichtung ($\varepsilon = 11 \dots 22$) erhitzten Luft. Sekundäre Kennzeichen des Dieselverfahrens: Meist innere Gemischbildung, d.h. Kraftstoffzufuhr durch Einspritzung in den Brennraum oder einen Teil desselben. Demgemäß wird unterschieden: „Indirekte“ Einspritzung und „Direkte“ Einspritzung.
Bei Gasmotoren wird Zündkraftstoff eingespritzt.
Die Verbrennung nimmt beim Dieselmotor meist mehr Zeit in Anspruch als beim Ottomotor. Es wird daher ein Vergleichsprozeß mit aufgeteilter Energiezufuhr - teils bei konstantem Volumen, teils bei konstantem Druck - bevorzugt, d.h. mit beliebiger Höchstdruckbegrenzung.
Die Leistungsreglung des Dieselmotors erfolgt durchweg durch Veränderung der eingebrachten Kraftstoffmenge, d.h. Qualitätsregelung. Das Luftverhältnis beträgt bei Vollast etwa $\lambda = 1,2 \dots 1,8$ und nimmt mit abnehmender Last zu.

2.3 Stirling-Heißgasmotor

(s. Bild 20.5 Anhang S. 114 und 119)
Der Stirlingmotor ist eine Kolbenmaschine, bei welcher die Energie in nahezu beliebiger Form außerhalb des Arbeitsraumes in einer Brennkammer oder einem Wärmetauscher dem eingeschlossenen Arbeitsgas zugeführt wird. Das erhitzte Gas expandiert dann über den beiden Kolben. Aus Gründen der Einfachheit wird spontane Energiezufuhr für den Vergleichsprozeß angenommen.
Die Leistungsregelung des Stirlingmotors erfolgt durch Ändern des Kreislauf-Druckes und Ändern der Kraftstoffmenge.

2.4 Geschichte der Verbrennungskraftmotoren

2.4.1 Ottomotor

1673 C. Huygens baut atmosphärische Pulvermaschine

1801 P. Lebon d'Humbersin erwähnt elektrische Zündung des Brennstoff-Luftgemisches

1838 W. Barnett schlägt Vorverdichtung des Gemisches im Zylinder vor

1860 J.J.E. Lenoir meldet einen Gasmotor zum Patent an, der in großer Stückzahl gebaut und betrieben wird

1862 Beau de Rochas erdenkt und beschreibt das Viertaktverfahren

1876 N.A. Otto (geb. 1832) baut ohne Kenntnis der Schrift de Rochas' den ersten Viertaktmotor

1885 G. Daimler undW. Maybach bauen das erste Motorfahrzeug(Motorrad)

1886 Daimler und Maybach bauen vierrädrigen Motorwagen u. Motorboot

1886 K. Benz baut unabhängig von Daimler dreirädrigen Motorwagen

1889 Daimler und Maybach bauen V-Motor

1896 Benz baut Zweizylinder-Boxermotor

1897 Maybach erfindet Röhrenkühler

2.4.2 Dieselmotor

1892 R. Diesel (geb1858) meldet Motor zum Patent an, der nach dem Carnot-Prozeß arbeiten soll

1893 Diesel schließt Vertrag ab über Zusammenarbeit mit M.A.N

1893 Diesel meldet sein 2. Patent an

1893 Erster Versuchsmotor wird fertiggestellt und läuft Anfang 1984 ohne fremde Hilfe im Leerlauf

1895 Versuchsmotor läuft unter Leistungsabgabe ($b_e = 445 g/kWh$)

1897 Prof. Schröter berichtet über den verbesserten Dieselmotor (13,4kW, 158 min^{-1}, 340 g/kWh) auf der VDI-Hauptversammlung

1898 Dieselmotor der M.A.N. werden ausgeliefert

1910 Mc Kechnie erfindet (kompressorlose) Hochdruckeinspritzung

1925 A. Büchi beschreibt Aufladung von Dieselmotoren mit Abgasturbolader

2.4.3 Philips-Stirling-Motor

1836	Dr. R. Stirling (geb. 1790) baut Heißluftmotor
1937	Fa. Philips beginnt Weiterentwicklung des Stirlingmotors
1953	Erfindung des Rhombentriebwerks
1954	Philips-Stirling-Motor erreicht Wirkungsgrad von 38 %
1960	Erfindung der Rollsockendichtung

3 Einfache Vergleichsprozesse, Prozesse der vollkommenen Maschine

Die nachfolgenden Betrachtungen gelten grundsätzlich sowohl für Hubkolben- als auch für Rotationskolbenmaschinen. Der Zusammenhang zwischen beiden wird in Kapitel 17 erörtert. Vergleichsprozesse sind nur für Übersichtsrechnungen zu gebrauchen. Die getroffenen Voraussetzungen müssen stets angegeben werden. In der Praxis der Motorenentwicklung werden dagegen sogenannte „angepaßte Vergleichsprozesse" benutzt, mit deren Hilfe sehr genaue Vorausbestimmungen möglich sind. Solche Rechnungen sind jedoch sehr aufwendig.

3.1 Gleichraum-Prozeß (meist für Ottomotoren)

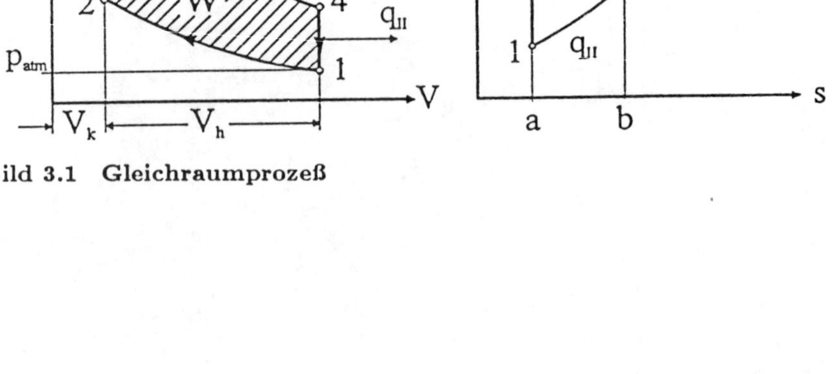

Bild 3.1 Gleichraumprozeß

3.2 Gemischter Prozeß (Seiliger, meist für Dieselmotoren)

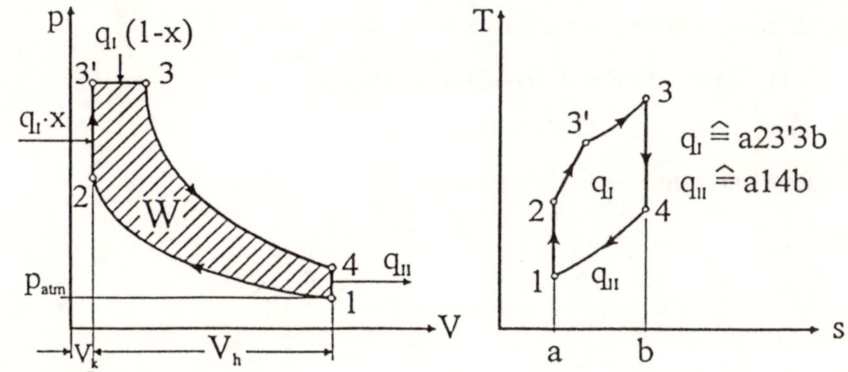

Bild 3.2 Seiliger-Prozeß

3.3 Stirling-Prozeß (meist für Stirling-Heißgasmotoren)

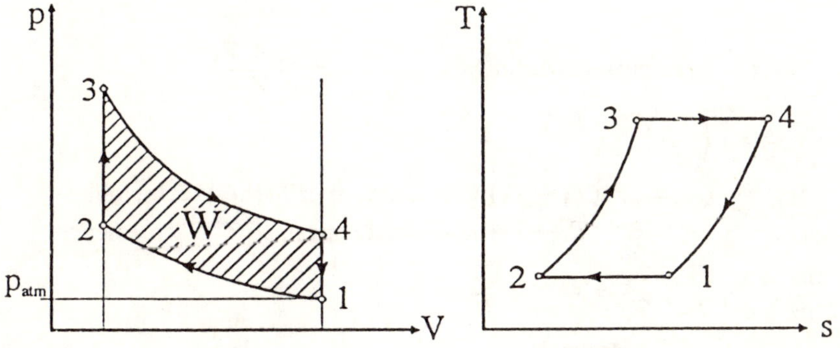

Bild 3.3 Stirling-Prozeß

Wesentliche Vernachlässigungen gegenüber den wirklichen Prozessen:

1. Kreisprozesse ohne Ladungswechsel
2. spezifische Wärmekapazitäten = const.
3. keine Dissoziation des Arbeitsmediums
4. wärme- und gasdichte Wände, jedoch
5. Energiezufuhr durch Wärmetausch

3.4 Wirkungsgrad der vollkommenen Maschine (Ideales Gas)

Als Beispiel werden hier nur der Gleichraum- und der Seiliger-Prozeß näher behandelt.

3.4.1 Gleichraum

$$\varepsilon = \text{Verdichtungsverhältnis} = \frac{V_{max}}{V_{min}} = \frac{V_k + V_h}{V_k} \tag{3.1}$$

$$\frac{p_2}{p_1} = \left(\frac{V_1}{V_2}\right)^{\kappa} = \left(\frac{V_k + v_h}{V_k}\right)^{\kappa} = \varepsilon^{\kappa} \tag{3.2}$$

$$q_I \mathrel{\widehat{=}} q_{23} = c_v \cdot (T_3 - T_2) \text{ zugeführte spezifische Wärmemenge} \tag{3.3}$$

$$q_{II} \mathrel{\widehat{=}} q_{41} = c_v \cdot (T_4 - T_1) \text{ abgeführte spezifische Wärmemenge} \tag{3.4}$$

$$\frac{p_3}{p_2} = \frac{T_3}{T_2}\;;\; \frac{T_2}{T_1} = \varepsilon^{\kappa-1}\;;\; \frac{T_4}{T_3} = \left(\frac{1}{\varepsilon}\right)^{\kappa-1} \tag{3.5}$$

$$\eta_v = \frac{W}{Q_{zu}} = \frac{q_{23} - q_{41}}{q_{23}} = 1 - \frac{q_{41}}{q_{23}}$$

$$\frac{T_1}{T_2} = \frac{T_4}{T_3} = \frac{T_4 - T_1}{T_3 - T_2} \tag{3.6}$$

$$\eta_v = 1 - \frac{c_v \cdot (T_4 - T_1)}{c_v \cdot (T_3 - T_2)} = 1 - \frac{1}{\varepsilon^{\kappa-1}} \tag{3.7}$$

$$\boxed{\eta_{v\,\text{Gleichraum}} = 1 - \frac{1}{\varepsilon^{\kappa-1}}}$$

3.4.2 Seiliger

$$\frac{T_{3'}}{T_2} = \frac{p_{3'}}{p_2} = \psi \text{ Drucksteigerungsverhältnis} \quad (3.8)$$

$$\frac{T_{3'}}{T_3} = \frac{V_{3'}}{V_3} = \varphi \text{ Dehnungsverhältnis} \quad (3.9)$$

$$q_I = c_v \cdot (T_3 - T_2) + c_p \cdot (T_{3'} - T_3) \text{ zugeführte spez. Wärmemenge} \quad (3.10)$$

$$q_{II} = c_v \cdot (T_4 - T_1) \text{ abgeführte spez. Wärmemenge} \quad (3.11)$$

$$\boxed{\eta_{v_{\text{Seiliger}}} = 1 - \frac{1}{\varepsilon^{\kappa-1}} \cdot \frac{\psi \cdot \varphi^{\kappa} - 1}{\psi - 1 + \psi \cdot \kappa \cdot (\varphi - 1)}}$$

Der Wirkungsgrad des Seiliger-Prozesses ist bei gleichem ε stets niedriger als der des Gleichraumprozesses. Für $\varphi = 1$ ergibt sich der Gleichraumprozeß, während für $\psi = 1$ ein Gleichdruckprozeß entsteht.

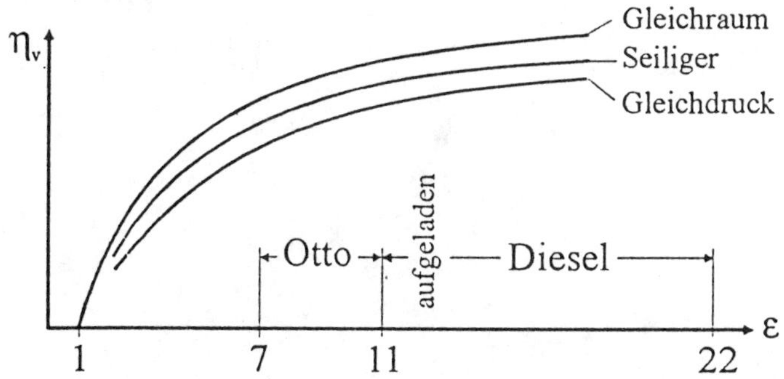

Bild 3.4 Vergleich der Wirkungsgrade von Gleichraum-, Gleichdruck- und Seiliger-Prozeß

Dem Diagramm ist zu entnehmen, daß eine Verdichtung über ein bestimmtes Maß hinaus nicht sinnvoll ist, weil der über diesen Bereich hinausgehende Anstieg des Wirkungsgrades immer geringer wird. Der Gewinn an innerer Leistung würde außerdem durch gleichzeitig stärker werdenden Anstieg der Reibleistung infolge steigenden Spitzendruckes wieder aufgehoben werden.

Der Wirkungsgrad der vollkommenen Maschine ist über κ abhängig von der Molekülgröße des verwendeten Arbeitsgases. Den besten Wirkungsgrad würde man mit einatomigen Gasen (Edelgasen) erzielen (κ =1,667). Luft (2-atomig) und CO_2 (3-atomig) als hauptsächlich verwendete Gase ergeben ungünstigere Wirkungsgrade.

Es besteht der in folgender Tabelle angeführte Zusammenhang zwischen ε, κ und η_v für den Gleichraum-Prozeß:

ε	6	8	10	12	16	18	20	22
Luft: $\kappa = 1,4$	0,51	0,56	0,60	0,63	0,67	0,69	0,70	0,71
$CO_2 : \kappa = 1,3$	0,42	0,46	0,50	0,53	0,56	0,58	0,59	0,60

Da die Energiezufuhr bei Gleichraum, wie oben gezeigt, den höchsten Wirkungsgrad ergibt, beeinflußt ein schneller Druckanstieg bei Energiezufuhr den Wirkungsgrad günstig. Praktisch sind diesem Mittel jedoch durch steigende mechanische Beanspruchung des Triebwerks und der Lagerung, die mit zunehmender Geräuschentwicklung verbunden ist, Grenzen gesetzt[1]. Als Kriterium wird der Druckanstieg je Grad Kurbelwinkel $\Delta p/\Delta\varphi$ benutzt.

3.4.3 Stirling

Die wichtigsten Angaben befinden sich im Anhang Seite 119.

[1] Bei gegebenen Druckgrenzen hat der Gleichdruckprozeß den höchsten Wirkungsgrad

4 Wirkliche prinzipielle offene Prozesse

4.1 Viertakt-Zweitakt

4.1.1 Viertaktverfahren

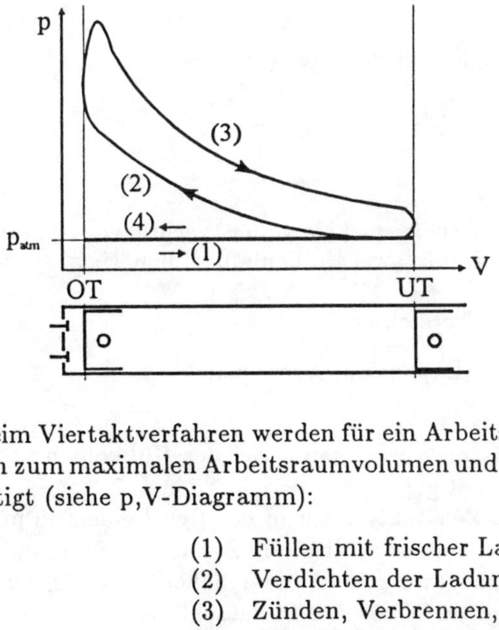

Bild 4.1
Wirkliches p,V-Diagramm des Viertakters

Beim Viertaktverfahren werden für ein Arbeitsspiel zwei volle Wechsel vom minimalen zum maximalen Arbeitsraumvolumen und umgekehrt, d.h. vier Kolbenhübe[1], benötigt (siehe p,V-Diagramm):

(1) Füllen mit frischer Ladung
(2) Verdichten der Ladung
(3) Zünden, Verbrennen, Expandieren
(4) Ausschieben der Abgase

Es werden also zum einmaligen Ablauf des Arbeitsspiels bei der Hubkolbenmaschine zwei Umdrehungen der Kurbelwelle benötigt. Die Nockenwelle für die Steuerung der Einlaßorgane (Hub 1) und der Auslaßorgane (Hub 4) macht dabei eine Umdrehung.

[1] Gilt sinngemäß auch für Rotationskolbenmaschinen

4.1.2 Zweitaktverfahren

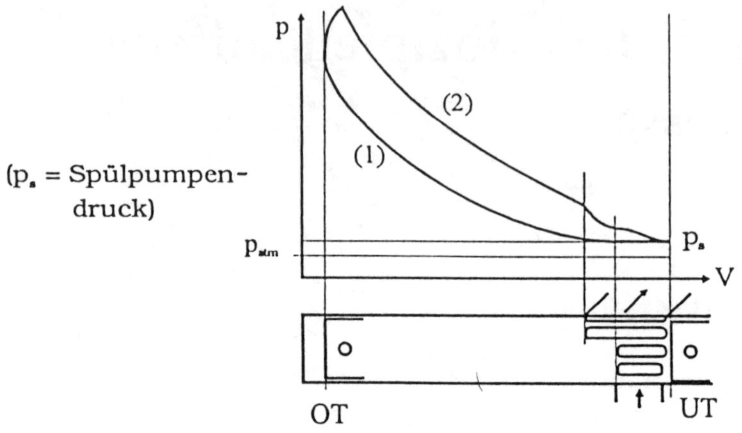

Bild 4.2 Wirkliches p,V-Diagramm des Zweitakters

Beim Zweitaktverfahren wird für ein Arbeitsspiel ein voller Wechsel vom maximalen zum minimalen Arbeitsraumvolumen, d.h. zwei Kolbenhübe[2], benötigt:

(1) Spülen, Verdichten

(2) Zünden, Expansion, Auspuffen

Zum einmaligen Ablauf des Arbeitsspiels wird somit bei der Hubkolbenmaschine eine Umdrehung der Kurbelwelle benötigt.
Der Ladungswechsel erfordert beim Zweitakt-Motor in der Regel eine Spülpumpe. Beim Öffnen des Auslaßorgans, meist sind es Schlitze am Zylinderumfang, pufft das unter Druck stehende Abgas aus. Dabei nutzt man die Trägheitswirkung der Gase zum Entleeren des Zylinders. Nach dem Öffnen der Einlaßschlitze strömt Frischgas bzw. Luft unter Überdruck in den Zylinder und unterstützt das Ausströmen der Abgase.

[2] Gilt sinngemäß auch für Rotationskolbenmaschinen

4.2 Kurbeltrieb und p,V-Diagramm des Vergleichsprozesses

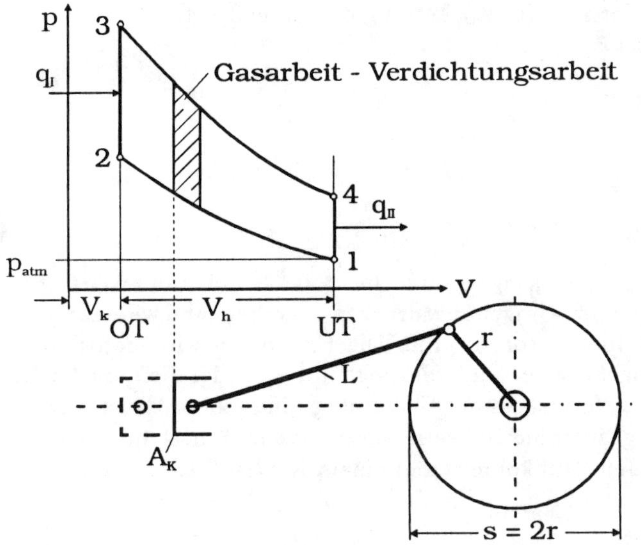

Bild 4.3 p,V-Diagramm und Kurbeltrieb

Verdichtet man das über dem Kolben im Volumen $V = V_k + V_h$ eingeschlossene Gas durch Bewegung des Kolbens von UT nach OT, so steigt der Druck entlang der Linie 1 – 2 von p_1 auf p_2. Dazu muß folgende Verdichtungsarbeit aufgewendet werden:

$$dW = F \cdot ds = p \cdot A_K \cdot ds = p \cdot dV \qquad (4.1)$$

$$W_{zu} = \int_1^2 p \cdot dV \qquad (4.2)$$

Führt man im oberen Totpunkt die durch Verbrennung des Kraftstoffs freigewordene Wärmemenge Q_1 zu, so steigt der Druck bei unverändertem Volumen von p_2 auf p_3. Das in V_k eingeschlossene Gas entspannt sich bei Kolbenbewegung von OT nach UT unter Abgabe der Arbeit W_{ab} entlang der Linie 3 – 4.
Die abgegebene Arbeit ist :

$$W_{ab} = \int_3^4 p \cdot dV \tag{4.3}$$

Die nutzbare Arbeit ist:

$$|W| = |W_{ab}| - |W_{zu}| \tag{4.4}$$

entspricht also der umfahrenen Diagrammfläche. Aus Gründen der Wirtschaftlichkeit kann meist nicht bis zum Umgebungsdruck p_{atm} entspannt werden; das Volumen würde für einen Kolbenmotor zu groß. Die Expansion wird daher im Punkt 4 des Kreisprozesses abgebrochen und die noch im Zylinder befindliche Energie als Wärmemenge Q_{II} als Verlust an die Umgebung abgegeben. Es ist jedoch auch möglich, sie in einer Abgasturbine teilweise auszunutzen. Bild 4.4 zeigt die Größe des Hubvolumens bei einem Hubkolben- und einem Kreiskolbenmotor.

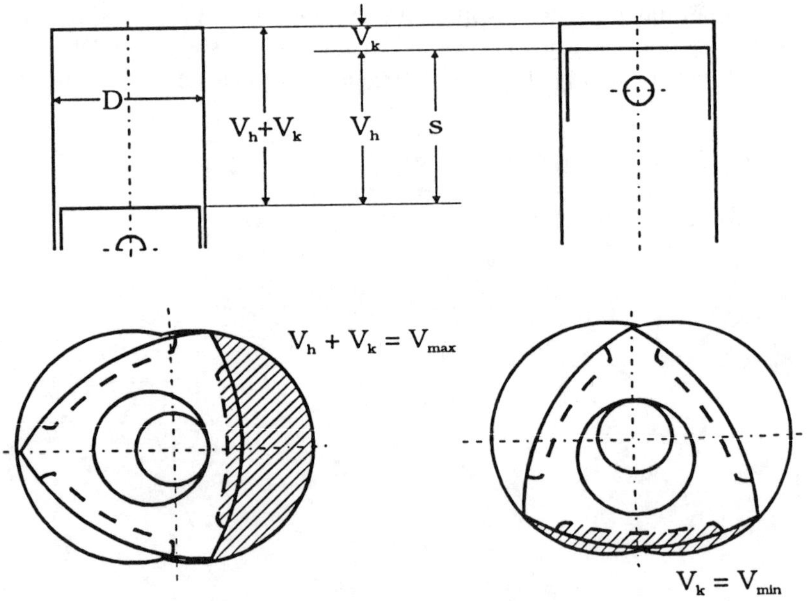

Bild 4.4 Hubvolumen eines Hubkolben- bzw. Kreiskolbenmotors

4.3 Wirkliches p,V-Diagramm und Mitteldruck

Gegenüber den hier erörterten, sehr einfachen, den wirklichen Verhältnissen nur wenig angepaßten Vergleichsprozessen treten praktisch bei Kolbenverbrennungskraftmaschinen folgende Abweichungen ein:

1. Undichtigkeit
2. Gaswechsel
3. Auspuffvorgang erfordert Zeit
4. Endliche Verbrennungsgeschwindigkeit
5. Kühlung
6. Aufheizung der Frischluft
7. Veränderlichkeit der spezifischen Wärmekapazitäten und Gaszusammensetzung

Der dadurch entstehende Unterschied wird z.B. in folgender Abbildung deutlich:

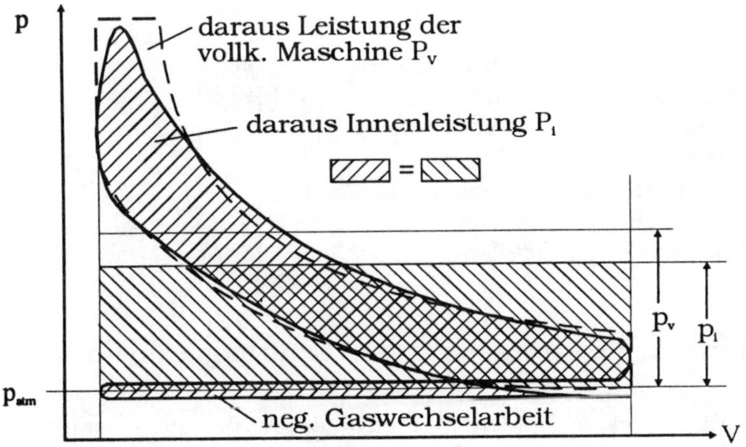

Bild 4.5 Wirkliches p,V-Diagramm

Bezeichnungen:

p_v = Mitteldruck des vollkommenen Prozesses

p_i = Mitteldruck der Innenarbeit (indiziert)

$\eta_g = \dfrac{P_i}{P_v}$ = Gütegrad (s. Kap. 5.1)

λ = Luftverhältnis $= \dfrac{L_{wirkl.}}{L_{erforderl.}} = \dfrac{L_{wirkl}}{\dot{m} \cdot L_{min}}$

Die Mitteldrücke sind theoretische, während des Arbeitshubes konstant angenommene Drücke im Arbeitsraum. Sie ergeben sich aus der Fläche des p,V-Diagramms und der Größe des Hubvolumens. Die Rechteckfläche $p_v \cdot V_h$ ist gleich der eingeschlossenen Fläche im p,V-Diagramm der vollkommenen Maschine.

Die absolut zugeführte Wärmemenge ist

$$Q_I = Q_{23} = M_{B_{sp}} \cdot H_u \tag{4.5}$$

Die abgegebene Arbeit der vollkommenen Maschine

$$W_v = \eta_v \cdot Q_{23} = p_v \cdot V_h \tag{4.6}$$

Daraus folgt der Mitteldruck der vollkommenen Maschine

$$p_v = \eta_v \cdot \frac{H_u}{\lambda \cdot L_{min}} \tag{4.7}$$

denn bei vollkommener Füllung des Zylinders mit Luft, d.h. Liefergrad

$$\lambda_{Ln} = 1 \frac{m_n^3}{m^3} \text{ (siehe Kap.7) gilt} \tag{4.8}$$

$$\lambda_{Ln} \cdot V_h = 1 \cdot V_h = m_{B_{sp}} \cdot \lambda \cdot L_{min} \tag{4.9}$$

Bezeichnungen:

$m_{B_{sp}}$	=	Kraftstoffmenge je Arbeitsspiel	$[kg]$
$\dot{m}_B$	=	Kraftstoffmenge je Zeiteinheit	$[kg/s]$
L_{min}	=	Mindestluftmenge zu Verbrennung 1 kg Kraftstoff	$[m_n^3/kg]$
$L_{wirkl.}$	=	tatsächlich zur Verbrennung angesaugte Luftmenge pro Zeiteinheit	$[m_n^3/s]$
H_u	=	Heizwert des Kraftstoffes	$[kJ/kg]$

4.4 Mitteldruck, Leistung, mittlere Kolbengeschwindigkeit

Der indizierte Mitteldruck p_i ist derjenige Mitteldruck, der aus einem z.B. mit Piezoquarz-Druckgeber gemessenen und aufgezeichneten Indikatordiagramm durch Ermittlung des Flächeninhaltes berechnet werden kann. Nach Bild 4.4 ist er stets kleiner als der Mitteldruck der vollkommenen Maschine.

Die damit berechenbare indizierte Leistung – oder Innenleistung – ist diejenige Leistung, von der noch keine mechanischen Verluste abgezogen sind. Sie kann nicht an der Kurbelwelle gemessen werden, sondern wird aus der Indizierung über den berechneten Mitteldruck p_i ermittelt, indem man ansetzt:

Leistung eines Zylinders = Arbeit /Spieldauer

$$P_i = \underbrace{p_i \cdot A_K \cdot s \cdot}_{Arbeit} \underbrace{\frac{n}{a}}_{1/Spieldauer}$$

$$P_i = \frac{p_i \cdot V_h \cdot n}{a}$$

Bezeichnungen in obrigen Zahlenwertgleichungen

n = Drehzahl

a = Zahl der Kurbelwelllenumdrehungen je Arbeitsspiel

a = 1 bei Zweitakt-Hubkolbenmotoren

a = 2 bei Viertakt-Hubkolbenmotoren

p_i = ind. Mitteldruck

V_h = Zylinderhubvolumen

V_H = Motorhubvolumen

A_K = Kolbenfläche

s = Hub

Unmittelbar an der Kurbelwelle kann die Nutzleistung, d.h. effektive Leistung P_e gemessen werden.
Die Indizes „i" müssen dann durch „e" ersetzt werden.

$$\boxed{P_e = \frac{p_e \cdot V_H \cdot n}{a}}$$

Auf folgende Weise läßt sich der Zusammenhang zwischen errechnetem Nutzmitteldruck p_e und Drehmoment M an der Kurbelwelle nachweisen.

$$P_e = \frac{p_e \cdot V_H \cdot n}{a} = M \cdot \omega = M \cdot 2 \cdot \pi \cdot n \tag{4.10}$$

$$\boxed{p_e \sim M}$$

Unter „Last" versteht man im Motorenbau die jeweilige Höhe des Nutzmitteldruckes p_e, welche nicht mit der Höhe der Leistung P_e verwechselt werden darf.

„Last" $\sim$ p_e bzw. M

„Leistung" $\sim$ $p_e \cdot n$ bzw. $M \cdot n$

Die mittlere Kolbengeschwindigkeit c_m dient als Rechnungs- und Vergleichsgröße

$$c_m = 2 \cdot s \cdot n \tag{4.11}$$

Sie kann auch in die Leistungsformel eingesetzt werden. Das Produkt $p_e \cdot c_m$ ist der sogenannte Kolbenflächenleistung P_e/A_k proportional.
Als Vorgriff auf die noch zu behandelnde bisher verbreitete Viertakt-Kreiskolben maschine 2:3 (Bild Seite 16) sei der Zusammenhang hier schon aufgeführt.
Bei diesen Maschinen gilt entsprechend:

$$P = \frac{p \cdot V_H \cdot n_E}{a} \tag{4.12}$$

darin sind jedoch:

n_E = Drehzahl der Exzenterwelle
V_H = Gesamthubvolumen von 3 Kammern = $3 \cdot V_{KH}$
a = Zahl der Exzenterumdrehungen pro Arbeitsspiel der 3 Kammern = 3

Innenleistung und effektive Leistung unterscheiden sich um die mechanische Verlustleistung, in der alle Reibungsverluste und sonstigen mechanischen Verluste zusammengefaßt sind. Der mechanische Wirkungsgrad ist demgemäß:

$$\eta_m = \frac{P_e}{P_i} = \frac{p_e}{p_i} \tag{4.13}$$

$$P_e = P_i - P_r$$

P_r = Reibleistung

5 Wirkungsgrade und spezifischer Kraftstoffverbrauch

5.1 Wirkungsgrade

Der Vergleichsprozeß einer Verbrennungskraftmaschine ist, wie gezeigt wurde, in der Praxis nur angenähert zu verwirklichen. Es muß stets angegeben werden, unter welchen Voraussetzungen der Vergleichsprozeß gerechnet worden ist. Eine Aussage über den Grad der Annäherung ermöglicht der Gütegrad als Verhältnis der Innenleistung zur Vergleichsprozeßleistung:

$$\eta_g = \frac{P_i}{P_V} = \frac{p_i}{p_V} \tag{5.1}$$

Die Innenleistung kann wegen der genannten Verluste nicht vollständig an der Kurbelwelle abgenommen werden. Das Verhältnis von Nutzleistung zu Innenleistung wird als mechanischer Wirkungsgrad bezeichnet:

$$\eta_m = \frac{P_e}{P_i} = \frac{P_i - P_r}{P_i} = \frac{p_e}{p_i} = \frac{p_i - p_r}{p_i} \tag{5.2}$$

Mit dem in Kapitel 3.4 abgeleiteten Wirkungsgrad der vollkommenen Maschine, der die thermodynamisch bedingten Verluste beinhaltet, läßt sich folgende Wirkkette von der zugeführten Wärme pro Zeiteinheit zur Nutzleistung P_e an der Kurbelwelle aufstellen:

$$P_{zu} = \dot{m}_B \cdot H_u \xrightarrow{\eta_v} P_V \xrightarrow{\eta_g} P_i \xrightarrow{\eta_m} P_e \tag{5.3}$$

$$\eta_v \cdot \eta_g = \eta_i \tag{5.4}$$

$$\eta_v \cdot \eta_g \cdot \eta_m = \eta_e \tag{5.5}$$

η_e = effektiver Wirkungsgrad

Darstellung im Sankey-Diagramm:

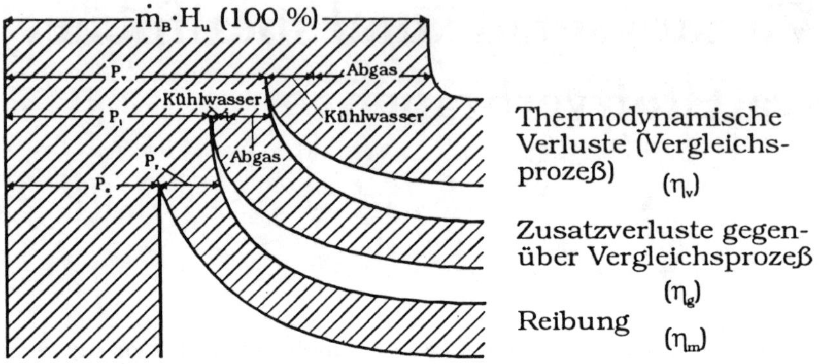

Bild 5.1 Sankeydiagramm

Die fiktiven Mitteldrücke lassen sich folgendermaßen darstellen:

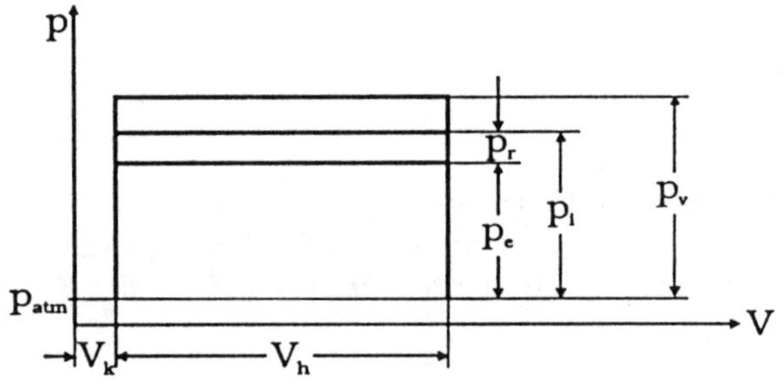

Bild 5.2 Fiktive Mitteldrücke

5.2 Spezifischer Kraftstoffverbrauch

Zur Beurteilung der Wirtschaftlichkeit einer Verbrennungskraftmaschine wird außer den beschriebenen Wirkungsgraden der stündliche Kraftstoffverbrauch je Leistungseinheit angegeben:

$$b_e = \frac{\dot{m}_B}{P_e} \tag{5.6}$$

$$b_i = \frac{\dot{m}_B}{P_i} \tag{5.7}$$

Am gebräuchlichsten sind die Angaben in [g/kWh] oder [kg/kWh]
Mit der zugeführten Wärmemenge $\dot{m}_B \cdot H_u$ läßt sich folgender Zusammenhang angeben:

$$P_e \cdot 3600 = \dot{m}_B \cdot H_u \cdot \eta_e \tag{5.8}$$

$$\eta_e = \frac{P_e \cdot 3600}{\dot{m}_B \cdot H_u} = \frac{3600}{b_e \cdot H_u} \tag{5.9}$$

$$\eta_i = \frac{3600}{b_i \cdot H_u} \; ; \; b_i = b_e \cdot \eta_m \tag{5.10}$$

Der Kraftstoff-Innenverbrauch b_i ermöglicht also die Beurteilung der Verbrennungsgüte, da die Reibung eleminiert ist.

5.3 Erfahrungswerte für Wirkungsgrade, Drücke und mittlere Kolbengeschwindigkeit

5.3.1 Mechanischer Wirkungsgrad η_m

	Ottomotor	Dieselmotor
Zweitakt	0,75 ...0,88	0,75 ...0,92
Viertakt	0,7 ...0,9	0,7 ...0,88 ...0,92

5.3.2 Nutzwirkungsgrad η_e

Kann aus dem spez. Kraftstoffverbrauch b_e berechnet werden. (siehe auch Anhang S. 113, Bild 20.3)

5.3.3 Innenwirkungsgrad η_i

$$\eta_i = \eta_e / \eta_m$$

5.3.4 Gütegrad η_g

Ottomotor	0,4...0,7
Dieselmotor	0,7...0,9

Der Gütegrad ist stark abhängig von den Voraussetzungen für das Diagramm der vollkommenen Maschine.

5.3.5 Wirkungsgrad der vollkommenen Maschine η_v

$$\eta_v = f(\varepsilon, p_{max}) \tag{5.11}$$

5.3.6 Spitzendruck p_{max} (oder Zünddruck p_z)

Ottomotoren	30 ... 40 ... 50	bar
Dieselmotoren		
ohne Aufladung	50 ... 75	bar
mit Aufladung	100 ... 180	bar
Anhaltsw.:	$(6 \ldots 7) \cdot p_e$	(Langsamläufer)
	$(6 \ldots 8) \cdot p_e$	(Mittelschnelläufer)
	$(6 \ldots 10) \cdot p_e$	(Schnelläufer)

5.3.7 Verdichtungsverhältnis ε

Ottomotoren	7 11
Dieselmotoren	11 ...... 22 (aufgeladen)

5.3.8 Mittlere Kolbengeschwindigkeit

c_m ist eine Vergleichsgröße

Sie beträgt:

		Drehzahlbereich [1/min]	c_m [m/s]
Langsamläufer (Großmotoren)	:	50...250	6...7
Mittelschnellläufer	:	250...1000	6,5...10
Schnelläufer	:	>1000	10...14
Sport- und Rennmotoren	:	...15000	15...20

6 Kennfelder

Da Kolbenkraftmaschinen Fahrzeuge zu Lande, zu Wasser und in der Luft und Arbeitsmaschinen in weitem Geschwindigkeits- bzw. Drehzahlbereich und mit stark wechselndem Drehmoment antreiben sollen, ist es nötig, das Verhalten der Kraftmaschine in einem größeren Drehzahl- und Drehmomenten- bzw. Nutzmitteldruckbereich zu charakterisieren. Das geschieht mit Hilfe von Kennfeldern. Dabei wird anstelle des Motordrehmoments der diesem entsprechende Nutzmitteldruck p_e benutzt.

6.1 Propellerantrieb

Hier gilt im Allgemeinen:

$$\underline{\text{Moment}} \quad M \quad \sim n^2$$
$$\underline{\text{Leistung}} \quad P_{prop} \quad \sim n^3,$$

während die Kraftmaschine meist ein mit der Drehzahl unveränderliches Moment bzw. unveränderlichen Nutzmitteldruck p_e zu liefern vermag. Der Zusammenhang ist im folgenden Bild dargestellt.

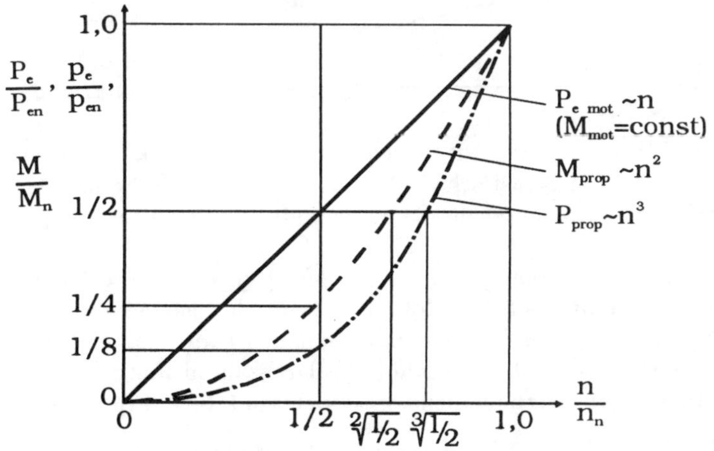

Bild 6.1 Kennlinie eines Propellerantriebs

Mit abnehmender Drehzahl, d.h. z.B. bei verminderter Fahrgeschindigkeit, wird der Motor stark entlastet. Bei häufigen Betrieb mit Drehzahlen unterhalb der Nenndrehzahl muß beachtet werden, daß der Motor auch im Betrieb niedriger Last einen hohen Wirkungsgrad hat.

6.2 Straßenfahrzeugantrieb

Ideal wäre es, wenn bei allen Fahrgeschwindigkeiten die volle konstante Leistung an der Motorwelle zur Verfügung stände.
Das würde bedeuten:

$$P_e = M \cdot 2 \cdot \pi \cdot n = \text{konst.} \tag{6.1}$$

In einem M,n-Diagramm müßte M nach einer Hyperbel, der sog. Triebkrafthyperbel, verlaufen (Bild 6.2). Praktisch ist dieses nicht möglich. Es ist daher nötig, Stufenschaltgetriebe oder Drehmomentwandler zwischen Motor und Triebachsen des Fahrzeugs einzuschalten.

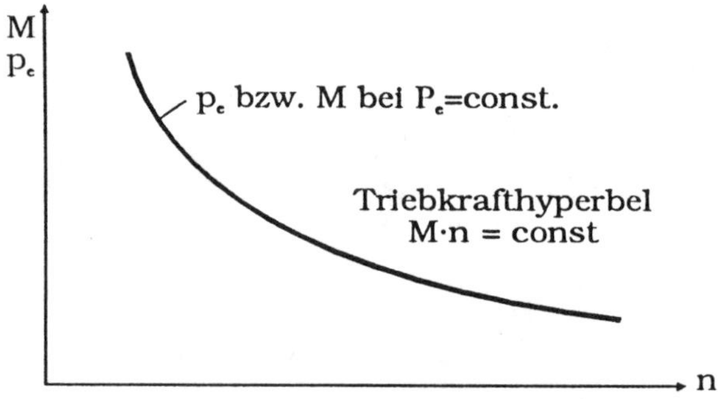

Bild 6.2
Triebkrafthyperbel

Wenn es gelingt, die Hyperbel im Motor wenigstens anzunähern, werden Getriebestufen gespart. Ein solcher „elastischer "Motor wird meist als besonders geeignet für Nutzfahrzeugantrieb angesehen. Er hat bereits eine gewisse Drehmoment-Eigenwandlung.
Beim Fahrzeugantrieb spielt demnach der Begriff der Motorelastizität eine wichtige Rolle. Er beschreibt die Fähigkeit des Motors, sich durch ansteigendes Motormoment selbstständig an zunehmendes Widerstandsmoment anzupassen, wenn z.B. bei Bergfahrt, ausgehend von voller Drehzahl, die Drehzahl absinkt. Infolge dieses Motormomentanstiegs sinkt bei zunehmendem Widerstand die Fahrgeschwindigkeit weniger stark ab.

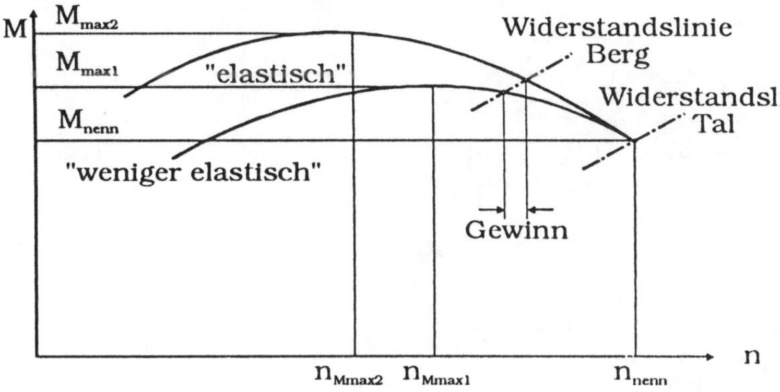

Bild 6.3 Momentenverlauf bei verschieden „elastischen “Motoren

Bild 6.3 zeigt den Geschwindigkeitsgewinn beim elstischen Motor 2. Zahlenmäßig läßt sich die Motorelastizität E durch folgendes Verhältnis beschreiben:

$$E = \frac{M_{max}}{M_{nenn}} \cdot \frac{n_{nenn}}{n_{M_{max}}} \tag{6.2}$$

Beispiel für einen elastischen Motor:

$$\left.\frac{M_{max}}{M_{nenn}} = 1,3 \; ; \; \frac{n_{nenn}}{n_{M_{max}}} = 2\right\} \; E = 2,6 \tag{6.3}$$

Anschaulicher wird als Kriterium gelegentlich auch der Anstieg des Motormoments mit sinkender Drehzahl allein benutzt.
Elastische Motoren haben ihr maximales Drehmoment bei niedrigen Drehzahlen. Man nennt sie auch „Drosselmotoren“. Wenig elastisch sind im allgemeinen Sportmotoren (z.B. E = 1,2), die ein scharf ausgeprägtes Drehmomentmaximum bei hoher Drehzahl haben. Hier sind viele Getriebestufen für den Antrieb des Fahrzeugs sinnvoll.

6.3 Motorkennfeld des spez. Kraftstoffverbrauchs

Um Aufschlüsse über den wirtschaftlich günstigen Drehzahl- und Mitteldruckbereich eines Motors zu erhalten, trägt man Mitteldruck bzw. Drehmoment über der Drehzahl auf. Außerdem werden Linien konstanten spez. Kraftstoffverbrauchs b_e und konstanter Leistung P_e eingetragen. Außer den rein wirtschaftlichen Gesichtspunkten sind auch konstruktive Einflüsse, wie z.B. die verwendeten Steuerzeiten, Ventilquerschnitte und das Hub/Bohrungs-Verhältnis indirekt durch vergleichende Betrachtungen der Kennfelder hubraumgleicher Motoren erkennbar.

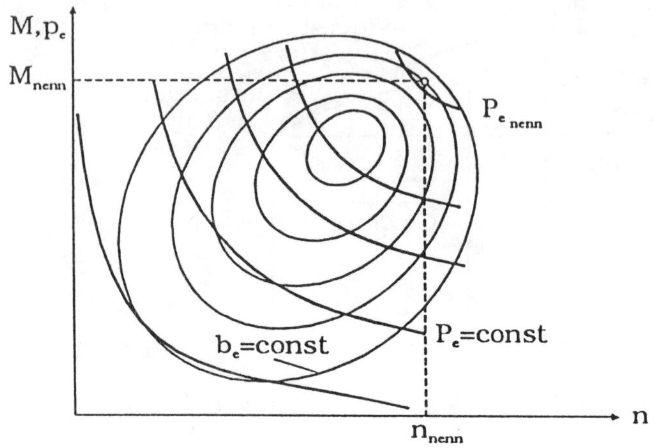

Bild 6.4 Motorkennfeld

Die Linien b_e = const kann man als Höhenlinie einer Landkarte auffassen. Der Betrieb optimalen Kraftstoffverbrauches liegt im Talkessel. Die „Steilheit der Hänge" läßt Aufschlüsse über die Verbrennungsgüte, die Luftversorgung u.a.m. zu. Zu den Aufgaben des Entwicklungsingenieurs gehört es, die Lage des Kraftstoffverbrauchsoptimums in den meist benutzten Leistungs- und Drehzahlbereich zu legen.

Gewonnen werden die Linien b_e = const über ein Hilfsdiagramm in das b_e über n für jeweils konstanten Nutzmitteldruck p_e (Bild 6.5 links) oder aber b_e über p_e für jeweils konstante Drehzahl (Bild 6.5 rechts) eingetragen wird.

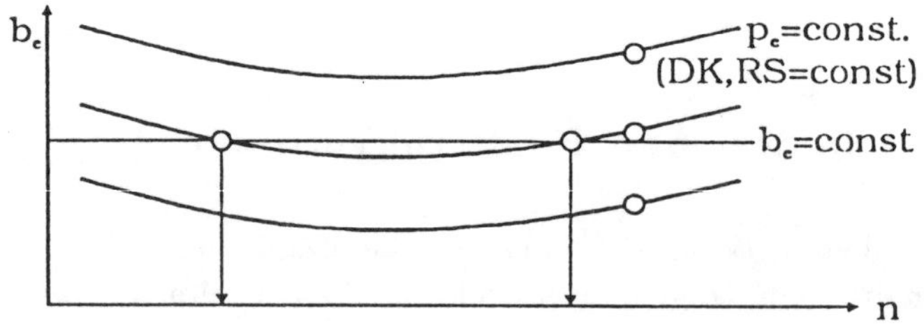

Bild 6.5 Hilfsdiagramme zur Ermittlung von b_e = const

7 Liefergrad

Zu den Abweichungen des wirklichen Prozesses vom Vergleichsprozeß gehören auch die mit dem Liefergrad erfaßten Ladungsverluste. Der Liefergrad (DIN 1941) gibt an, zu wieviel Prozent der Hubraum eines Motors beim Ansaugen mit frischer Ladung gefüllt wird. Er ist bei Saugmotoren meistens < 1, wegen Ansaugdrosselung, Restgasen im Zylinder und Erwärmung der frischen Ladung an Zylinderwänden und Ansaugorganen. Bei Motoren mit Vorverdichtung der Ladung kann λ_L auch > 1 sein.

$$\lambda_{Ln} = \frac{m_a}{m_{th}} = \frac{\text{angesaugte Ladungsmenge}}{\text{theor. mögl. Ladungsmenge}} \qquad (7.1)$$

$$\lambda_{Ln} = \frac{V_a \cdot \rho_a}{V_h \cdot \rho_n} = \frac{V_a \cdot \rho_a/\rho_n}{V_h} \quad \text{Dichte } \rho \left[\frac{kg}{m^3}\right] \qquad (7.2)$$

$$\lambda_{Ln} = \frac{\text{Ansaugluft, auf Normzustand umgerechnet}}{\text{geometrisches Hubvolumen}} \quad [m_n^3/m^3]$$

$$m_a = \frac{p_a \cdot V_a}{R \cdot T_a} = \frac{p_n \cdot V_n}{R \cdot T_n}\ ;\ V_n = V_a \cdot \underbrace{\frac{p_a}{p_n} \cdot \frac{T_n}{T_a}}_{\rho_a/\rho_n}$$

$$\lambda_{La} = \lambda_{Ln} \cdot \frac{p_n \cdot T_a}{p_a \cdot T_n} \quad \text{Liefergrad, bezogen auf Außenzustand} \qquad (7.3)$$

Zustand „n“: 0° C und 1.013 bar, Normzustand
„a“: Außenzustand

m_a umfaßt nur den Teil der Frischgase, der an der Verbrennung teilnimmt. Durchgespülte Gasmengen bleiben unberücksichtigt. V_a ist mit einer Meßblende oder einem Gaszähler meßbar, wenn keine durchgespülten Mengen vorkommen. Das ist bei Saugmotoren meistens der Fall.

7.1 Einfluß der Steuerzeiten auf den Liefergrad

(andere Einflüsse s. [4][5])

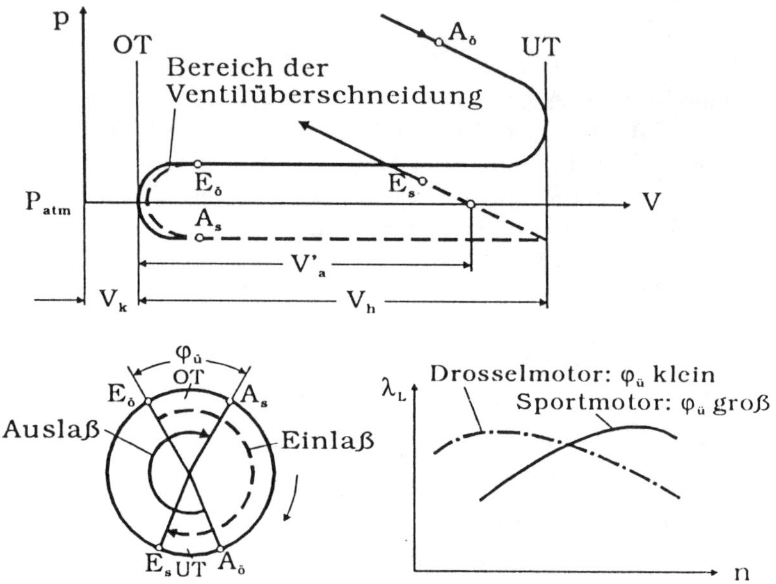

Bild 7.1 Einfluß der Steuerzeiten

Bei der Festlegung der Steuerzeiten für einen Motor muß der Ventilüberschneidungswinkel $\varphi_ü$ größer gemacht werden, wenn die Drehzahl des Auslegungspunktes höher gelegt wird, d.h. $\varphi_ü = f(n)$. Je schnelläufiger der Motorist, desto früher müssen, wegen der endlichen Zeiten für Öffnen und Schließen, die Ventile geöffnet und um so später müssen sie geschlossen werden. Eine exakte Abstimmung für maximalen Liefergrad ist nur bei einer Drehzahl (z.B. Nenndrehzahl) möglich. Man bemüht sich auch, durch besondere Leitungs- und Steuerzeitenabstimmung die Trägheitswirkung der Gassäule zur Erhöhung von λ_L auszunutzen. (s. auch „Kadenacy-Effekt").
Die Qualität der Abstimmung wird außer durch λ_L durch den volumetrischen Wirkungsgrad beschrieben (V_a' aus Bild 7.1):

$$\eta_{vol} = \frac{V_a'}{V_h} \text{ ; damit ist} \lambda_L = \eta_{vol} \cdot \eta_{therm} \tag{7.4}$$

wobei η_{vol} nur die volumetrischen Verluste und η_{therm} die Erwärmungsverluste berücksichtigt.

7.2 Liefergrad und Mitteldruck

Der Liefergrad hängt über folgende Beziehung unmittelbar mit dem Mitteldruck zusammen: („Luft bedeutet Leistung“!)

$$\begin{aligned} \text{angesaugte Luftmenge [kg/s]} &= \text{erforderliche Luftmenge [kg/s]} \\ \lambda_{Ln} \cdot V_h \cdot \frac{n}{a} \cdot \rho_n &= \dot{m}_B \cdot \lambda \cdot L_{min} \cdot \rho_n \end{aligned} \tag{7.5}$$

p_i folgt aus der Gleichung:

$$\begin{aligned} P_i &= \frac{p_i \cdot V_h \cdot n}{a} = \dot{m}_B \cdot H_u \cdot \eta_i \\ p_i &= \lambda_{Ln} \cdot \eta_i \cdot \frac{H_u}{\lambda \cdot L_{min}} \end{aligned} \tag{7.6}$$

und entsprechend

$$p_e = \lambda_{Ln} \cdot \eta_e \cdot \frac{H_u}{\lambda \cdot L_{min}} \tag{7.7}$$

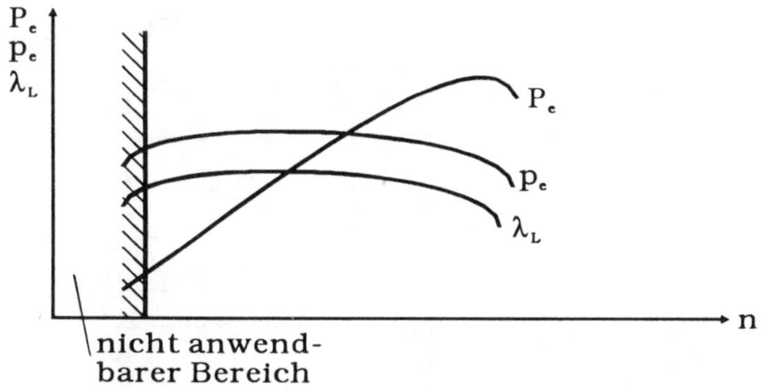

Bild 7.2 Verlauf von P_e, p_e undλ_L

Der Einfluß von λ_L auf P_e und p_e wird im obrigen Bild verdeutlicht. Den Quotienten $H_u/\lambda \cdot L_{min}$ nennt man Gemischheizwert Q_m.

8 Polytropenexponenten

Zu den Abweichungen des wirklichen Prozesses vom Vergleichsprozeß gehören auch die nichtadiabaten Zustandsänderungen, die Veränderlichkeit des Gases und der Temperatur. Polytrope Zustandsänderungen sind solche, die das Gesetz

$$p \cdot v^n = konst \tag{8.1}$$

befolgen, wobei der Exponent n zwischen 0 (Isobare) und ∞ (Isochore) liegen kann. Bei Verdichtung und Expansion werden unterschiedlich weite Temperaturbereiche durchfahren, innerhalb derer der Exponent wiederum nur für bestimmte Bereiche als konstant anzusehen ist. Die genauen Werte können Tabellenwerken (Hütte, Dubbel) entnommen werden. Erschwerend kommt hinzu, daß das zu verdichtende Medium sich stark vom expandierenden unterscheidet. Ersteres besteht in der Hauptsache aus Luft, während letzteres ein Gasgemisch mit vielen Bestandteilen darstellt. Entsprechend unterschiedlich sind auch die wirklichen Polytropenexponenten.

Isentropenexponenten :

	κ		
t [^oC]	Luft	Co_2	Benzin-Abgas ($\lambda = 1$)
0	1,4	1,3	-
2500	1,286	1,154	1,240

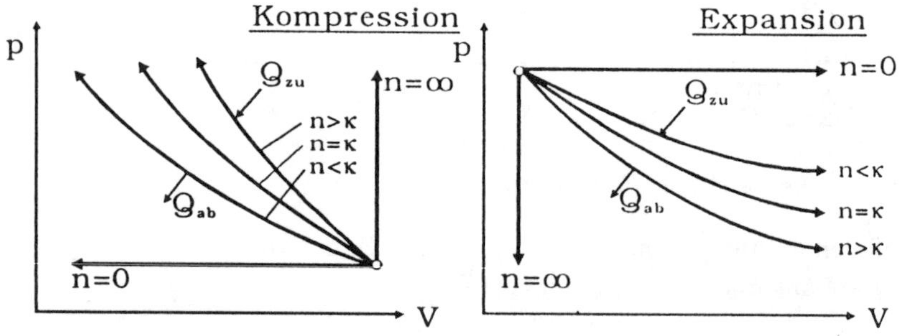

Bild 8.1 Polytropenexponenten

Mittlere aus Messungen ermittelte Polytropenexponenten sind:

Expansion	n	=	1,2 ... 1,25
Kompression	n	=	1,35

Diese Werte kann man für eine besser angenäherte Vorausberechnung des p,V-Diagramms verwenden.

9 Verbrennung

Der wirkliche zeitliche Ablauf der Kraftstoffenergie-Umsetzung wird durch das sogenannte Brenn- und Heizgesetz erfaßt. Das Brenngesetz erfaßt den Umsatz der gesamten pro Spiel eingesetzten Kraftstoffmenge, das Heizgesetz nur den Teil, der sich im meßbaren Druckanstieg im Brennraum niederschlägt. Die Differenz beinhaltet im wesentlichen Wandverluste und beträgt etwa 10 % [6][7].

9.1 Heizgesetz

Das Heizgesetz x (φ) gibt also den Verlauf des Umsatzes als Funktion des Kurbelwinkels φ oder der Zeit wieder, der einem meßbaren Druck als Funktion des Kurbelwinkels entspricht. Erwünscht ist im Hinblick auf geringe mechanische Beanspruchung des Triebwerkes ein kontinuierlicher Anstieg des Brennstoffumsatzes bis etwa zur Mitte der Verbrennungsperiode zu verwirklichen mit anschließender kontinuierlicher Abnahme bis auf Null. Der beste Wirkungsgrad η_V ist zu erreichen, wenn der Brennstoffumsatz schlagartig mit seinem Maximalwert einsetzt, dann kontinuierlich abnimmt und in kurzer Zeit abläuft. Nachteilig sind dabei hoher Spitzendruck und übermäßiger Druckanstieg dp/dφ mit harter Beanspruchung des Triebwerkes.

$$\text{Heizgesetz } x(\varphi) = \frac{m_{B_{\text{umgesetzt (zur Druckerhöhung)}}}}{m_{B_{\text{Spiel}}}} \tag{9.1}$$

Aus der Ableitung dx/dφ läßt sich auf die Verbrennungsgeschwindigkeit schließen. dx/dφ ist außerdem im ersten Teil der Verbrennung dp/dφ proportional. (siehe 134)

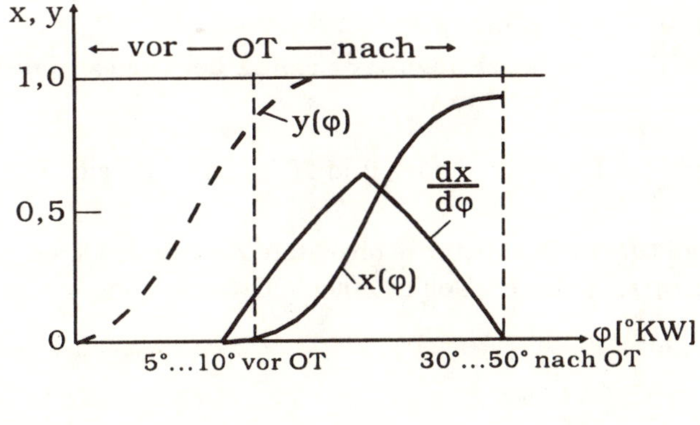

Bild 9.1

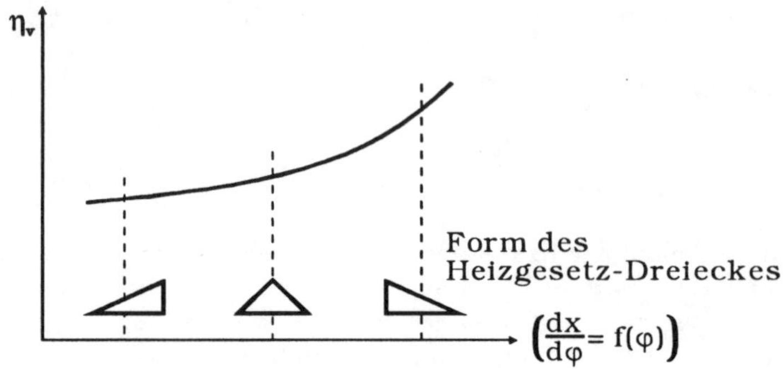

Bild 9.2 Einfluß von $dx/d\varphi = f(\varphi)$ auf den Wirkungsgrad η_V

Zwischen den drei typischen Formen sind alle Zwischenformen möglich.
Das Heizgesetz wird maßgeblich gestaltet durch folgende Einflüsse:

a) Dieselmotor

1. Art und zeitlicher Verlauf der Kraftstoffeinbringung (Einspritzgesetz $y(\varphi)$)
2. Art der Gemischbildung (Wand oder Luftverteilung)
3. Verdichtungsenddruck und -temperatur
4. Verdrängungswirkung bei eingezogenen Brennräumen, siehe Bild 9.3.

b) Ottomotor

1. Luftverhältnis λ
2. Restgasanteil
3. Druck und Temperatur
4. Bewegung des Gemisches (z.B. Verdrängungswirkung)

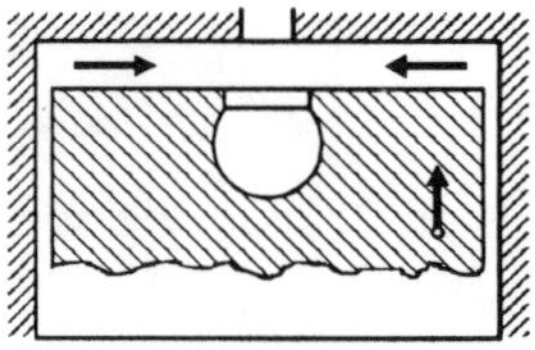

Bild 9.3
Verdrängungswirkung bei eingezogenem Brennraum

Ein praktisches Beispiel für $x(\varphi)$ und $dx/d\varphi$ ist Bild 20.7, Anhang Seite 120, gezeigt.

Die folgende Darstellung gibt beim Ottomotor beobachtete Zusammenhänge von λ mit Brenngeschwindigkeit v_0, p_e und $b_e$bei voll geöffneter Drosselklappe wieder.

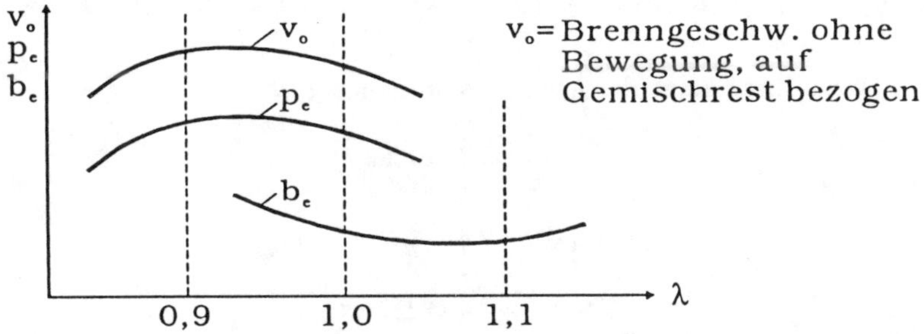

Bild 9.4 Zusammenhänge zwischen λ, v_0, p_e und b_e

Maximale p_e wird, wie vorher erklärt, mit hoher Verbrennungsgeschwindigkeit erreicht. Die Flammenfrontgeschwindigkeit v_F mit Bewegung wird z.B. mittels Ionisationssonden im Brennraum gemessen. (Vergleiche Bild 20.6 Anhang Seite 115). v_F beträgt bei ruhendem Gas etwa 3...5 m/s, nimmt im Motorbetrieb jedoch den ca. 10-fachen Wert an [8].

9.2 Unvollständige Verbrennung

Das Luftverhältnis λ bestimmt maßgeblich die Qualität der Verbrennung des Kraftstoffes im Brennraum und insbesondere die Zusammensetzung des Abgases eines Motors:
Beim Dieselverfahren wird zuerst der Wasserstoffanteil des Kraftstoffes (hohe Verbrennungsgeschwindigkeit) verbrannt. Dann Verbrennen C zu CO und CO zu CO_2. Bei Luftmangel erscheint Ruß in den Abgasen und signalisiert die unvollständige Verbrennung. Deshalb muß $\lambda > 1$ sein (üblich $1,2 \leq \lambda \leq 1,8$, neueste Entwicklungen $\lambda = 1,05$). Im Bereich der vollständigen Verbrennung ist aus Abgasanalysen das Luftverhältnis λ eindeutig bestimmbar.

Beim Ottoverfahren ist auch bei $\lambda < 1$ Verbrennung ohne Rußbildung möglich. Bei Luftmangel von 10 % ist maximaler Mitteldruck p_e zu erzielen. Die Betriebsfähigkeit des Ottomotors reicht etwa von $0,6 < \lambda < 1,6$. (Nennbetrieb $0,9 < \lambda < 1,1$) Bei unvollständiger Verbrennung im Ottomotor ist über das Wassergleichgewicht eine Ermittlung von λ möglich

$$k = \frac{[CO] \cdot [H_2O]}{[CO_2] \cdot [H_2]} = f(t) \tag{9.2}$$

Bei Ottomotoren ist nämlich k konstant = 3,4 (20...1500°C) als Mittelwert.

9.3 Typische Abgaszusammensetzung und -entgiftung

Die folgende Darstellung zeigt die Abgaszusammensetzung in Abhängigkeit von λ:

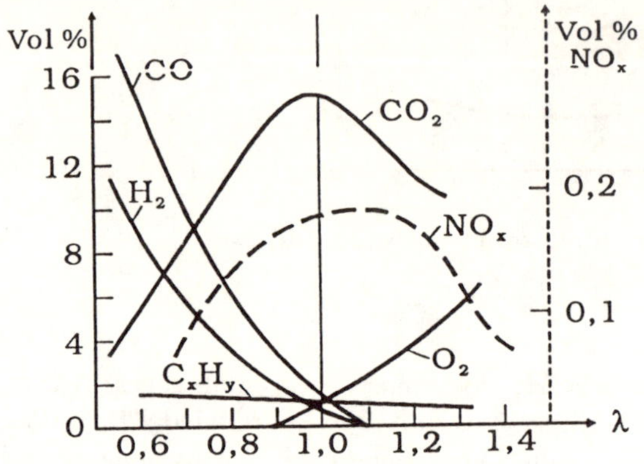

Bild 9.5 Abgaszusammensetzung in Abhängigkeit von λ

Die Abgase enthalten Stickoxide NO_x, die meist bei sehr hoher Verbrennungstemperatur auftreten. Für den Betrieb unter Tage darf ein Gehalt von 0,1 % CO im Abgas nicht überschritten werden.

Bei sehr hohen Temperaturen ($t > 2000°C$) tritt Dissoziation im Abgas auf: $2CO_2 \rightarrow 2CO + O_2$. Dabei wird Wärme verbraucht, die erst zu einem späteren Zeitpunkt wieder frei wird. Der Wirkungsgrad η_v sinkt daher um ca. 2 %.

Ein besonderes Problem für den Otto-Motorenentwickler besteht darin, daß der maximale Mitteldruck in einem λ-Bereich auftritt, in welchem die Abgase infolge hohen CO-Gehalts stark toxisch sind.
Die Zulässigkeitsfaktoren bezogen auf CO sind:

CO	CH	NO_x
1,0	0,5	0,01

9.3.1 Maßmahmen zur Abgasentgiftung

1. Motormaßnahmen	reduzierte Schadstoffkomponente CO	CH	NO_x
Ladungsschichtung: An der Zündkerze wird ein Bereich mit $\lambda < 1$ erzeugt, in dem die Zündung einsetzt, während im übrigen Brennraum je nach Last $\lambda >> 1$ ist.	X	X	X

Abgasrückführung: 10-15 % der Abgase werden rückgeführt, wodurch T_{max} und p_{max} sinken.			X
Turbulenzen erhöhen		X	
Später Zünden		X	X
Ventilüberschneidung vergrößern			X
ε, s/D, Motorgröße (spez. Oberfläche)		X	X
2. Abgasnachbehandlung (siehe auch Anhang 132)			
Thermischer Reaktor	X		
Oxidationskatalysator	X	X	
Drei-Weg-Katalysator	X	X	X

10 Kraftstoffe

10.1 Übersicht über gasförmige und flüssige Kraftstoffe

10.1.1 Die wichtigsten gasförmigen Kraftstoffe

Bezeichnung des Gases	Zusammensetzung in Vol %						Dichte ρ	H_u	L_{min}	Q_m
	CO	H_2	CH_4	O_2	CO_2	N_2	$[kg/m_n^3]$	$[kJ/m_n^3]$	$[m_n^3/m_n^3]$	$[kJ/m_n^3]$
Leuchtgas (Stadtgas)	14	50	23	1,5	3	8,5	0,57	15500 17600	4,0-5,5	3100 2710
Kokereigas (Koksofengas)	7	55	33	2	1,5	1,5	0,46	18000 19300	4,3-4,65	3400 3420
Sauggas (Generatorgas)	20	19	1,5	1	8,5	50	1,11	5000 5400	1,0	2500 2700
Gichtgas	24	6	-	-	8	62	1,25	3600 4000	0,7-0,75	2120 2290
Klärgas (Faulgas)	-	3	60	-	32	5	1,11	22000	5,8	3240
Erdgas	0,5	1,5	98	-	-	-	0,72	35600	9,5-10,0	3390 3240
Wasserstoff H_2	-	100	-	-	-	-	0,09	10800	2,38	3200
Kohlenmonoxid CO	100	-	-	-	-	-	1,25	12600	2,38	2730
Luft	-	-	-	21	-	79	1,29	-	-	-
Methan CH_4	-	-	100	-	-	-	0,714	35800	9,5	3410
Äthan C_2H_6	-	-	-	-	-	-	1,34	64400	16,7	3640
Propan C_3H_8	-	-	-	-	-	-	1,96	93600	23,8	3770
n-Butan C_4H_{10}	-	-	-	-	-	-	2,70	123600	31,0	3860
iso-Butan C_4H_{10}	-	-	-	-	-	-	2,67	121600	31,0	3800

Anmerkung: Zusammensetzung der ersten 6 (technischen) gasförmigen Brennstoffe gilt als Mittelwert, kann im allgemeinen um ± 5% der Einzelwerte schwanken. Heizwerte gelten für diesen Bereich.

10.1.2 Die wichtigsten flüssigen Kraftstoffe

Bezeichnung und chem. Symbol	Schmelzpunkt [°C]	Siedepunkt [°C]	Dichte ρ $[kg/dm^3]$	H_u $[kJ/kg]$	L_{min} $[m_n^3/kg]$	Q_m $[kJ/m^3]$
n-Pentan C_5H_{12}		36	0,625	45500	11,85	3840
n-Hexan C_6H_{14}		69	0,659	44700	11,79	3790
n-Heptan C_7H_{16}		98,5	0,684	44400	11,75	3780
n-Oktan C_8H_{18}		125,5	0,703	44600	11,71	3810
iso-Oktan C_8H_{18}		99,5	0,692	44000	11,71	3760
Benzin (Mittelwert)			0,70-0,75	43500	11,6	3750
Benzin (Aral)			0,783	43540	10,5	3850
Benzol C_6H_6	+5,5	80	0,879	40200	10,3	3900
Methylalkohol $CH_3OH(Methanol)$	-94	64,5	0,792	19800		
Äthylalkohol $C_2H_5OH(Äthanol)$	-112	78	0,789	27000		
n-Nonan C_9H_{20}	-53,3	150,5	0,718			
n-Dekan $C_{10}H_{22}$	-29,5	174	0,730			
n-Undekan $C_{11}H_{24}$(Hendekan)	-25,5	196	0,740			
n-Dodekan $C_{12}H_{26}$	-9,5	216	0,749			
Gasöl (Mittelwert)			0,84-0,88	39800 41900	10,5-10,8	3790 3880

Anmerkung: Alle Stoffwerte in $[^oC]$ bei 1,013 bar,
Dichte in $[kg/dm^3]$ bei 1,013 bar und 20^oC.

10.2 Verwendung der Kraftstoffe für innere und äußere Verbrennung

10.2.1 Gasförmige Kraftstoffe

Verwendbar für:

- Otto-Gasmotoren mit Fremdzündung
- Dieselgasmotoren mit Selbstzündung durch Zündstrahl aus flüssigem Kraftstoff (10 %)
- Stirlingmotor

Der Gemischheizwert Q_m für gasförmige Brennstoffe ist die Wärmemenge, die bei der Verbrennung von 1 m_n^3 Gemisch aus Gas und Luft frei wird.

$$Q_m = \frac{V_{Gas} \cdot H_u}{V_{Gas} + V_{Gas} \cdot \lambda \cdot L_{min}} = \frac{H_u}{1 + \lambda \cdot L_{min}} \; [kJ/m_n^3] \; \text{für } \lambda \geq 1 \tag{10.1}$$

10.2.1.1 Kritische Verdichtung

Der Heizwert hängt u.a. von der molekularen Zusammensetzung des Gases ab (Einfluß von H_2). Mit zunehmendem Heizwert sinkt das mögliche Verdichtungsverhältnis wegen zunehmender Klopfneigung (s. später).

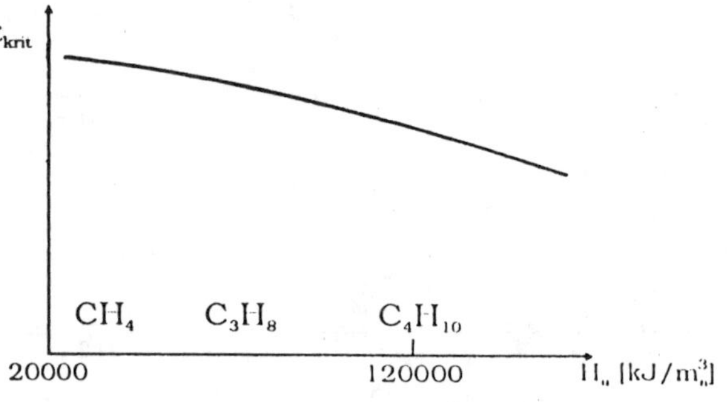

Bild 10.1
Kritische Verdichtung

10.2.2 Flüssige Kraftstoffe

Verwendbar für:

- Ottomotoren
- Dieselmotoren
- Stirlingmotoren

Der Gemischheizwert Q_m für flüssige Kraftstoffe ist die Wärmemenge, die bei der Verbrennung von 1 m_n^3 Gemisch aus Kraftstoff und Luft frei wird (Kraftstoffvolumen vernachlässigbar).

$$Q_m = \frac{H_u}{\lambda \cdot L_{min}} \quad [kJ/m^3] \quad \text{für } \lambda \geq 1 \tag{10.2}$$

Die flüssigen Kraftstoffe, die auf Seite 39 zusammengestellt sind, lassen sich wie folgt zusammenfassen:

1 Kettenförmige Kohlenwasserstoffe (Aliphate)

1.1 Aliphatische gesättigte Kohlenwasserstoffe(Paraffine)

1.1.1 Paraffine mit gerader Kette Beispiel: n-Oktan

Summenformel C_nH_{2n+2}

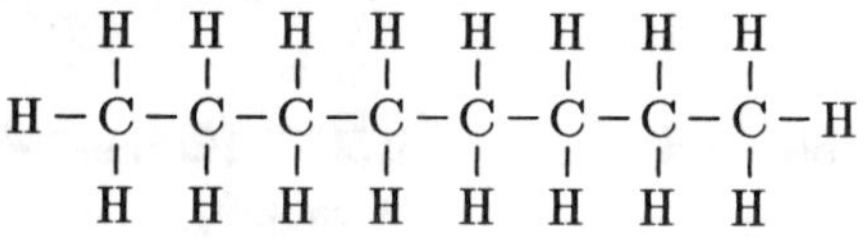

Gasöl: Paraffin-Gemisch, im Mittel $C_{20}H_{42}$

Schmieröl: Paraffin-Gemisch, im Mittel n>> 20

1.1.2 Isoparaffine (verzweigter Aufbau, Isomere)

Beispiel: i-Oktan C_8H_{18}

Summenformel C_nH_{2n+2}

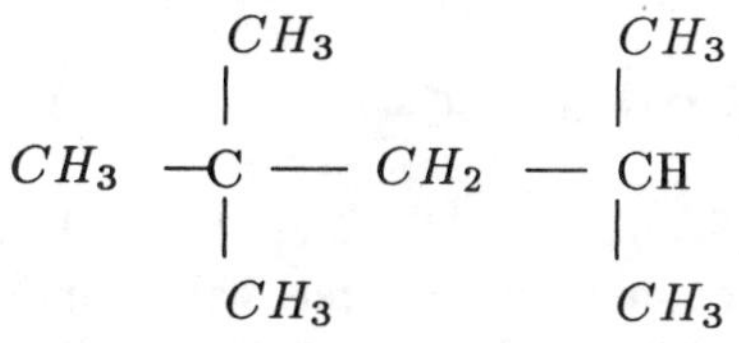

1.2 Aliphatische ungesättigte Kohlenwasserstoffe

mit einer doppelten C-Bindung (Olefine)
Summenformel C_nH_{2n} Beispiel: Äthylen, Propylen, usw.

mit zwei doppelten C-Bindungen (Diolefine)
Summenformel C_nH_{2n-2}

1.3 Aliphatische ungesättigte Kohlenwasserstoffe mit dreifacher C-Bindung

Summenformel C_nH_{2n-2} Beispiel: Azetylen

$H-C\equiv C-H$

2 Ringförmige Kohlenwasserstoffe

2.1 Naphtene (gesättigte Kohlenwasserstoffe)
z.B. Cyclohexan C_6H_{12}

2.2 Aromate (ungesättigte Kohlenwasserstoffe
z.B. Benzol C_6H_6:

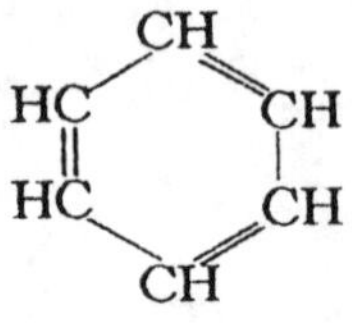

3 Sauerstoffhaltige kettenförmige Kohlenwasserstoffe (Alkohole, Ketone)

Summenformel: $C_nH_{2n+1}OH$

Beispiel: Methanol CH_3OH aus Methan CH_4

Im Superkraftstoff für Ottomotoren sind z.Zt. etwa enthalten:

53 % Aromaten, 8 % Olefine, 37 % Paraffine + Naphtene, 2 % Alkohole.

In der Reihenfolge:

Paraffine-Isoparaffine, Olefine, Naphtene, Aromate steigt die „Klopffestigkeit" und sinkt die „Zündwilligkeit" (siehe auch Seite 53).

10.2.3 Schweröle

Schweröle sind Rückstandsöle – Bunkeröle – aus der Destillation und aus Konversionsverfahren (Catalytic Cracking, Hydrocracking, Visbreaking), die mit leichten Ölen gemischt werden. Sie machen 5-7 % der Mineralölausbeute aus. Sie werden mit um 40 % niedrigeren Preisen wirtschaftlich für Schiffsdieselmotoren eingesetzt. Wegen hoher Viskosität ($> 500 mm^2/s$) ist eine Vorwärmung notwendig. Merke: Hoher Anteil von Schwefel (<4%), Va, Na, Asche, Rückständen führt u.a. zu Naß- und Heißkorrosion sowie Verschleiß. Besondere Maßnahmen nötig!!

10.2.4 Feste Brennstoffe

In Form von Staub können auch feste Brennstoffe zum Betrieb von Verbrennungskraftmaschinen mit innerer Verbrennung herangezogen werden. Voraussetzung ist ein möglichst kleiner Ascheanteil am Gesamtgewicht des Brennstoffes. Hauptsächlich kommen Stein-, Braun-, Holz-, und Torfkohlenstaub zur Anwendung.

Bei der „Äußeren Verbrennung" sind die Anwendungsgrenzen weiter gesteckt. Es kommen auch andere wärmefreisetzende chemische Prozesse in Betracht, wie z.B. die Flourierung von Lithium oder andere Prozesse, die aus dem Raketenbau bekannt sind. Schließlich seien Sonnenenergie und Kernenergie erwähnt.

10.3 Eigenschaften der Kraftstoffe

10.3.1 Erste Kriterien für die Beurteilung von Kraftstoffen für die motorische Verbrennung:

1. Siedeverhalten
2. Dampfdruck
3. Verdampfungswärme
4. Zündtemperatur
5. Zündgrenzen

Zu 1.) Kraftstoffe sind Gemische, die keine feste Siedetemperatur, wie z.B. Wasser ($100°C$) haben, sondern Siedekurven. Das Siedeverhalten wird bestimmt durch fraktionierte Destillation nach DIN 51751. Bei Erwärmung verdampfen die einzelnen Kraftstoffbestandteile bei unterschiedlichen Temperaturen.

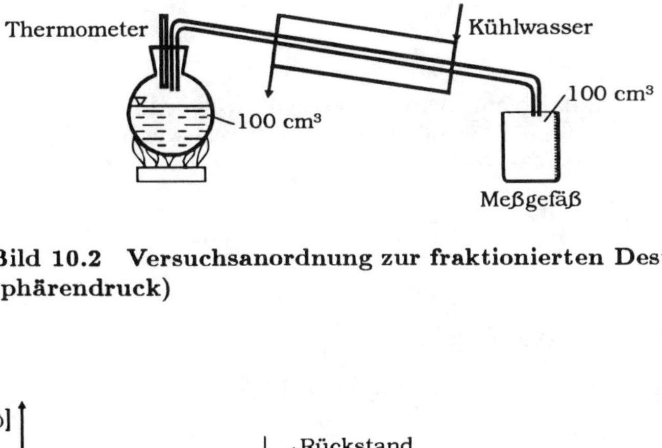

Bild 10.2 Versuchsanordnung zur fraktionierten Destillation (bei Atmosphärendruck)

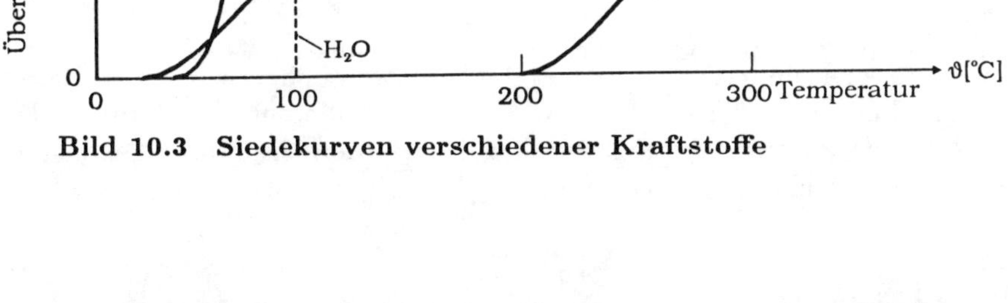

Bild 10.3 Siedekurven verschiedener Kraftstoffe

Je höher z.B. die Temperatur im 10 %-Siedepunkt ist, um so schwieriger ist der Motor, besonders bei tiefen Temperaturen, zu starten. Bei normalem Benzin genügen 2 Vol% in Dampfphase zur Zündung. „Siedeschwänze“ können zur Schmierölverdünnung führen.

Zu 2. Bestimmung des Dampfdruckes nach Reid DIN 51754

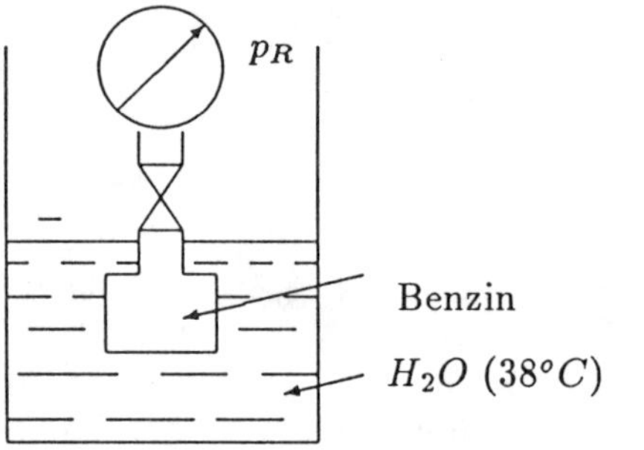

$p_R = 0,4\ldots0,8$ bar (Benzin)

$p_R = 0,09$ bar (Gasöl)

Siehe auch Tabellen, Anhang Seite VI

Aussagewert von p_R ist dem der Siedekurve ähnlich

Bild 10.4 Bestimmung des Dampfdruckes nach Reid

Zu 3. Mit Hilfe der Verdampfungswärme flüssiger Kraftstoffe kann der Liefergrad des Motors durch „Innenkühlung“ gesteigert werden (Temperatursenkung durch Verdampfen).

Temperaturabnahme für $\lambda = 1$ $$\Delta\vartheta = \frac{r}{L_{min} \cdot c_p}; \quad c_p \left[\frac{kJ}{m_n^3 \cdot grd}\right]$$

Bei $\Delta\vartheta = 2,7°C$ steigt der Liefergrad λ_L um etwa 1 %, z.B. bei Heptan ist $r = 310 \frac{kJ}{kg}$ und $\Delta\vartheta = 18°C$.
Zahlenwerte siehe Tabelle, Anhang Seite 122.

Zu 4. Auch die Zündtemperaturen sind ein Beurteilungsmaßstab für die Verwendbarkeit in Motoren verschiedener Arbeitsverfahren. Siehe Tabellen, Anhang Seite VI. Hier sei auch auf das ungünstige Verhalten von Schmieröl hingewiesen, das eine sehr niedrige Zündtemperatur von nur $380 - 420°C$ hat.

Zu 5. Kraftstoffe zünden nur innerhalb bestimmter Zündgrenzen , z.B. Benzin innerhalb 0,7...2,4 bis 4,6...6 Vol% Kraftstoffdampf im Gemisch. Der Zündbereich läßt auch Schlüsse auf die erforderliche Einstellgenauigkeit der Gemischbildungsorgane zu.

10.3.2 Klopfneigung des Ottokraftstoffes, Oktanzahl

Die „Klopfneigung“ ist eines der wichtigsten Beurteilungskriterien für Ottokraftstoffe. Kraftstoffe, insbesondere Paraffine, neigen zum sogenannten „Klopfen“. Sie zerfallen unter bestimmten Betriebsbedingungen unerwünscht in nichtstabile Zwischenprodukte, wie Formaldehyd und Peroxide, die dann explosionsartig reagieren und zu den wahrnehmbaren „Klopferscheinungen“ führen.

10.3.2.1 Klopfende Verbrennung

„Klopfen“ bei Ottomotoren ist unkontrollierte Selbstzündung der Ladung an einer oder mehreren Stellen im Brennraum nach vorausgegangener Fremdzündung. Ausgehend vom Zündfunken der Zündkerze breitet sich eine Druckfront aus, der die Flammenfront mit geringerer Geschwindigkeit folgt. Im auf diese Weise zusätzlich verdichteten Gemischrest können an bestimmten – besonders heißen – Stellen Selbstentzündungen entstehen. Die Reflexionen der primären Druckwelle und der im Brennraum neu entstehenden führen zu weiteren örtlichen Drucksteigerungen. Dabei können sich gleichzeitig mehrere Reaktionszentren bilden.

Die sich ausbreitenden Druckwellen erzeugen nach außen ein klirrendes, hochfrequentes Klopfgeräusch. Die Ausbreitungsgeschwindigkeit der Flammenfront beträgt für

normale Verbrennung	v = 20...60 m/s
klopfende Verbrennung	v = 300...2000 m/s.

Bei „klopffreudigen“ Kraftstoffen findet vor der Flammenfront im Gemischrest im wesentlichen Maße Vorreaktionen statt, die teilweise wärmefreisetzend sind. Diese Vorreaktionsprodukte (Peroxide) haben eine niedrigere Zündtemperatur. Es kommt zur Kettenreaktion. Das trifft vornehmlich für langkettige Kohlenwasserstoffe zu. Bei „klopffesten“ Kraftstoffen finden keine wesentlichen Vorreaktionen statt.

Folgende Darstellung zeigt die Auswirkungen des Klopfens auf Druckanstieg und Spitzendruck im Brennraum:

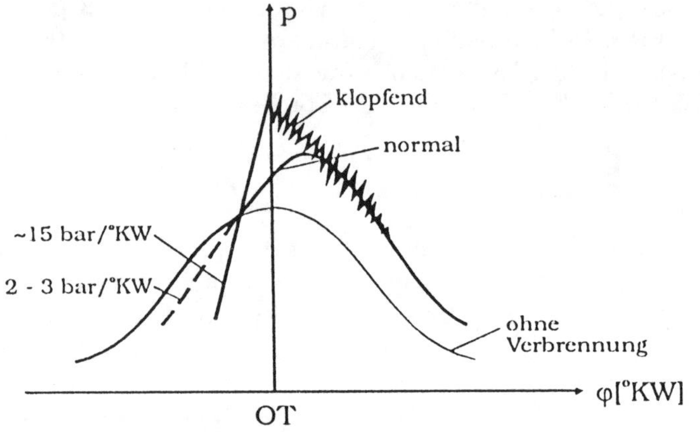

Bild 10.5 Druckverlauf bei normaler und „klopfender"Verbrennung

Sowohl der steile Druckanstieg $\Delta p/\Delta\varphi$ als auch die hohen Spitzendrücke führen zur Überlastung von Triebwerk, Kolben und Zylinderkopf. Die Temperaturen der Brennraumwandungen nehmen zu, die Wärmeübergangszahlen der Verbrennungsgase steigen; Überhitzungsschäden sind die Folge.

10.3.2.2 Oktanzahl OZ

Ein Maß für die Klopfneigung eines Kraftstoffes ist die Oktanzahl (nach Ricardo). Der Bewertung liegt ein Vergleichskraftstoff mit gleicher Klopfstärke wie der zu testende Kraftstoff zugrunde, der eine Mischung aus n-Heptan (klopffreudig) und Iso-Oktan (klopffest) darstellt:

100% n-Heptan	=OZ	0	= klopffreudig
100% Iso-Oktan	=OZ	100	= klopffest

Die Oktanzahl gibt also den Gehalt an Iso-Oktan im Vergleichskraftstoff an und steht in keiner festen Verbindung mit der chemischen Zusammensetzung des untersuchten Kraftstoffes.
Die Ermittlung der Oktanzahl erfolgt mit Hilfe eines „genormten" Prüfmotors[1], dessen Verdichtungsverhältnis ε stufenlos im Bereich von $\varepsilon = 4 \ldots 10$ oder 12 verstellt werden kann. Geprüft wird, bei welchem ε klopfende Verbrennung einsetzt. Dies geschieht heute mit speziellen Klopfgebern oder auch Piezo-Gebern, die den Druckverlauf im Brennraum sehr exakt wiedergeben.

[1] Es gibt einen CFR- und einen BASF-Prüfmotor mit je zwei Prüfverfahren. (Drehzahl, Temperatur des Kühlmittels, Lufttemperatur usw.)

Mit Hilfe der Klopfgeber läßt sich eine bestimmte „Klopfstärke" definieren (z.B. Zahl der Zyklen, bei denen ein bestimmter Druckanstieg $dp/d\varphi$ überschritten wird).

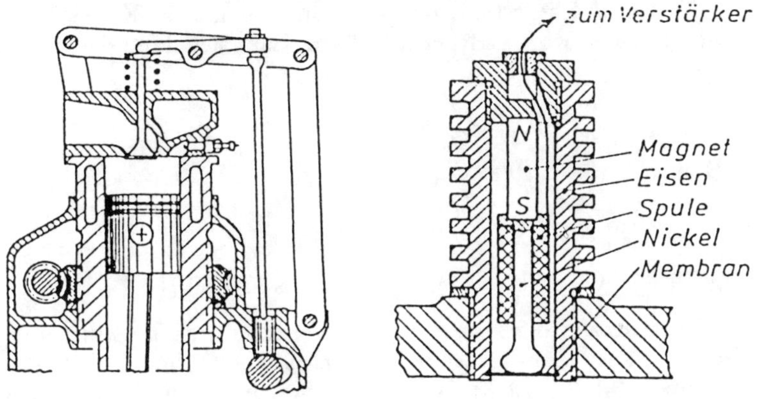

Bild 10.6 Motor mit veränderlichem Verdichtungsverhältnis und Geber des elektronischen Klopfmeßgerätes am BASF-Prüfmotor

Folgende Darstellung zeigt die Abhängigkeit der Oktanzahl vom Verdichtungsverhältnis des Prüfmotors bei Klopfbeginn:

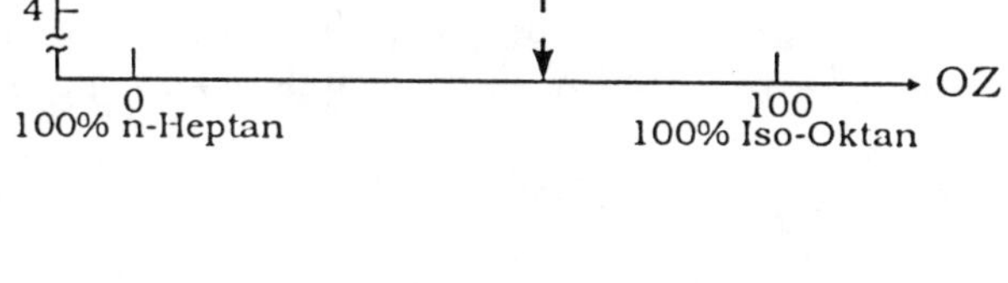

Bild 10.7 Abhängigkeit der Oktanzahl vom Verdichtungsverhältnis

Oktanzahl = Gehalt an Iso-Oktan im Vergleichskraftstoff

Bei der Messung wird die im Bild 35 angegebene Kurve durch Mischen von n-Heptan und Iso-Oktan für konstante Klopfstärke gemessen. Danach wird bei Betrieb mit dem zu testenden Kraftstoff festgestellt, bei welchem ε die gleiche Klopfstärke auftritt wie bei der angegebenen Kurve. Bei ermitteltem ε läßt sich dann die Oktanzahl OZ im Bild ablesen.

n-Heptan	0	OZ
Normal-Benzin	90...94	OZ
Super-Benzin	98...100	OZ
Benzol	108	OZ
Spiritus	200	OZ

(siehe auch Tabellen, Anhang Seite 122)

Die Klopffestigkeit von Kraftstoffen kann erhöht werden durch Zugabe von sogenannten Klopfbremsen: z.B. Bleitetraäthyl $Pb(C_2H_5)_4$ bis zu einer Konzentration von 0,15 g/l im Benzin (ab 1.1.1976). Nachteilig sind die damit hervorgerufenen Bleiablagerungen an Ventilen und Brennraumwänden. Dieser Nachteil kann behoben werden durch Zusatz von Brom- und Chlorverbindungen (z.B. Äthylenbromid). Dadurch werden Bleihalogenide mit niedrigem Siedepunkt gebildet, die in Dampfphase durch die Abgase abgeleitet werden. (Sie sind toxisch!). Bei bleifreiem Kraftstoff läßt sich die Klopffestigkeit durch Zusatz von Benzol oder Alkohol verbessern.

Der Oktanzahlanspruch eines Motors kann durch konstruktive Maßnahmen niedrig gehalten werden:

1. Zündkerze an der heißesten Stelle des Brennraumes anordnen.
   An dieser Stelle findet dann keine Selbstzündung statt!
2. Zündkerze muß passenden „Wärmewert“ haben (Wärmeabfuhrmöglichkeit)
3. Möglichst kompakten Brennraum (Halbkugel) mit gleichlangen Brennwegen von der Zündkerze zum Rand. Eventuell 2 Zündkerzen vorsehen.
4. Quetschstelle im Brennraum (Ricardo-Zylinderkopf, s. Bild 10.8)
5. Kleine Brennräume sind günstiger als große, weil die spez. Oberfläche (Kühlung) bei den ersteren größer ist und auch die Durchbrennweiten kleiner sind.

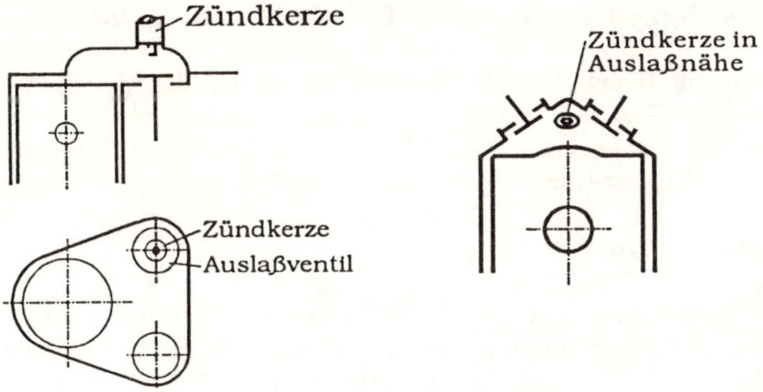

Bild 10.8 Beispiele für günstige Zündkerzenanlage

Die Klopfneigung eines Motors nimmt ab bei

hoher Drehzahl (Zeitmangel für Vorreaktion)
fettem Gemisch (λ sehr klein)
niedriger Verdichtung } niedrige Temperaturen
geringer Belastung } im Brennraum
Kraftstoffen mit hoher Oktanzahl
Spätzündung („Kolben läuft weg", ehe Klopfzündung anläuft).

Folgende betriebliche Einflüsse können zum Klopfen führen:

niedrige Drehzahl
hohe Aufladung
hoher Mitteldruck p_e
Überhitzung im Brennraum
hoher Paraffin-Anteil im Kraftstoff
Luftverhältnis $\lambda = 0,8 \ldots 0,9$

Bei der Einstellung des Motors muß berücksichtigt werden, daß die Länge der Ansaugwege unterschiedlich ist, so daß die einzelnen Zylinder unterschiedlich mit Luft und Kraftstoff versorgt werden. Dementsprechend ist die Klopfneigung der einzelnen Zylinder unterschiedlich. Der Motor muß nach dem schlechtesten Zylinder eingestellt werden [9].

10.3.3 Die Zündwilligkeit des Kraftstoffes, Cetanzahl, „Nageln“

Die Zündwilligkeit ist ein Beurteilungskriterium vornehmlich bei Selbstzündungsmotorkraftstoffen.

10.3.3.1 Zündvorgang im Dieselmotor

Hauptproblem der dieselmotorischen Verbrennung ist das Heranführen des eingespritzten Kraftstoffes an die Verbrennungsluft. Zündung ist in der Dampfphase oder auch in der Flüssigkeitsphase möglich. Der Kraftstoff wird z.B. als Nebel (Tropfendurchmesser 0,002...0,02 mm) in den Brennraum gespritzt und jeder Tropfen verdampft. Die Vernebelung hat eine ca. 650-fache Vergrößerung der Oberfläche zur Folge. Der weitere Vorgang läßt sich stark vereinfacht, grob prinzipiell, wie folgt darstellen. Ein Tropfen nimmt je Zeiteinheit folgende Wärmemenge dQ auf:

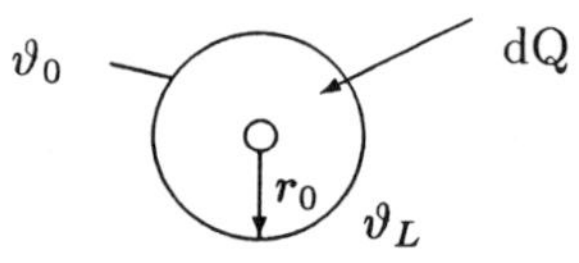

$$dQ = \alpha \cdot A \cdot (\vartheta_L - \vartheta)\, dt$$
$$dQ = m_{FL} \cdot c_p\, d\vartheta$$

Bild 10.9 Wärmeaufnahme eines Dieseltropfens

Zusammengefaßt und integriert ergibt sich folgende Gleichung für den Verlauf der Kraftstofftemperatur bis zur Zündung[2]:

$$\vartheta = \vartheta_L - (\vartheta_L - \vartheta_0) \cdot e^{-\frac{3 \cdot \alpha}{\rho_{Fl} \cdot c_p \cdot r_0} \cdot t} \tag{10.3}$$

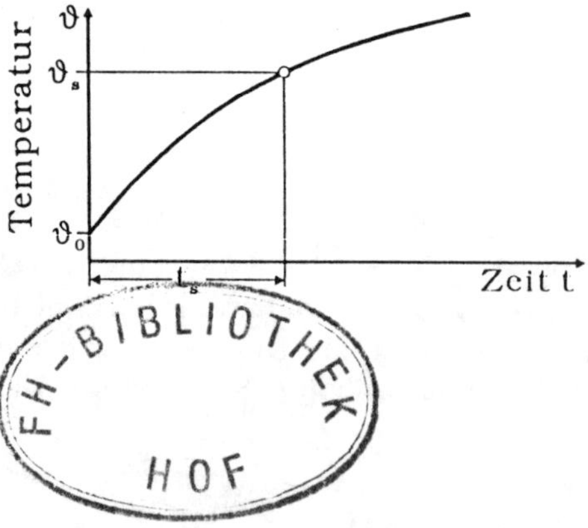

Bild 10.10
Verlauf der Kraftstofftemperatur bis zur Zündung

[2] Auch die Verdampfungszeit und die damit verbundene, oben vernachlässigte Radiusabnahme sowie die Tropfenbewegung sind in der Rechnung zugänglich [10].

Es bedeuten:

m_{Fl}	=	Masse des Kraftstofftropfens [kg]
A	=	Tropfenoberfläche $[m^2]$
r_0	=	Ausgangsradius des Tropfens [m]
ϑ_0	=	Tropfentemperatur beim Einspritzen (ca. 50^oC)
ϑ_L	=	Temperatur der verdichteten Luft (ca. 600^oC)
ϑ_s	=	Selbstzündungstemperatur $[^oC]$
α	=	Wärmeübergangszahl an der Tropfenoberfläche $[kJ/m^2 \cdot s \cdot K]$
c_p	=	Spezifische Wärmekapazität des Kraftstoffes $[kJ/kg \cdot K]$
t	=	Zeit [s]
t_s	=	Zündverzugszeit [s]
ρ_{Fl}	=	Dichte des Kraftstoffes $[kg/m^3]$

Die Zündverzugszeit t_s ist die Zeit, die dem Kraftstoff vom Augenblick der Einspritzung an zur Verdampfung, Vermischung mit Luft und Zündung zur Verfügung steht. Sie bestimmt u.a. den Verlauf des Heizgesetzes und z.B. auch der Rußbildung. Rechnerisch wird der physikochemische Anteil des Verzuges aus obigen Ansätzen mit folgender Gleichung ermittelt:

$$t_s = \frac{\rho_{Fl} \cdot r_0 \cdot c_p}{3 \cdot \alpha} \cdot \ln \frac{\vartheta_L - \vartheta_0}{\vartheta_L - \vartheta_s} \tag{10.4}$$

Die experimentelle Bestimmung etwa in einer Versuchskammer erfolgt nach der Gleichung

$$t_s = C \cdot \frac{e^{\frac{b}{T}}}{p^n} \tag{10.5}$$

Darin bedeuten:

b	=	$\frac{\sum E}{R}$
E	=	Aktivierungsenergie
R	=	Gaskonstante des Kraftstoff-Luftgemisches
T	=	Temperatur
C	=	Apparaturkonstante
n	=	Konstante
p	=	Druck im Zylinder

Nach Gleichung 10.5 nimmt die Zündverzugszeit ab bei hohen Werten von Druck und Temperatur im Brennraum. Angestrebt wird eine möglichst kurze Zündverzugszeit (0,002...0,001 s). Bei schnellaufenden Dieselmotoren nimmt selbst diese kurze Zeitspanne einen wesentlichen Anteil an der Einspritzzeit ein. Deshalb kann man den Einspritzvorgang, auch zur Verminderung des Zündverzugs, in Voreinspritzung und Haupteinspritzung unterteilen. Man erreicht diese Unterteilung bei langsamlaufenden Motoren durch eine geeignete Nockenform für die Einspritzpumpe und bei schnellaufenden Motoren durch besondere Düsenkonstruktionen, in Sonderfällen werden auch Pumpen mit zwei Arbeitsräumen unterschiedlicher Größe verwendet. Die Zündung z.B. in der Dampfphase stellt man sich so vor, daß an irgendeiner Stelle der nächsten Umgebung des Tropfens ein zündfähiges Gemisch entsteht, das sich im Bereich seiner niedrigsten Zündtemperatur an der von der Tropfenoberfläche weg ansteigenden Umgebungstemperatur entzündet. Die einsetzende Druck- und Temperatursteigerung führt zur Aufspaltung der schweren Kohlenwasserstoffe. Besonders dann, wenn die Flammenfront schwebende Flüssigkeitsteilchen entzündet, entstehen kurzlebige Zwischenverbindungen wie die bereits bekannten Peroxide, die explosionsartig reagieren können.

10.3.3.2 Diesel-„Nageln“

Wenn die Zündverzugszeit, d.h. die Zeit vom Eintreten des Kraftstoffes bis zur Zündung, zu lang ist, befindet sich bereits zuviel aufbereiteter Kraftstoff im Brennraum, der dann schlagartig verbrennt. Die Folge ist das „Nageln“, physikalisch ein dem Klopfen bei Ottomotoren ähnlicher Vorgang.

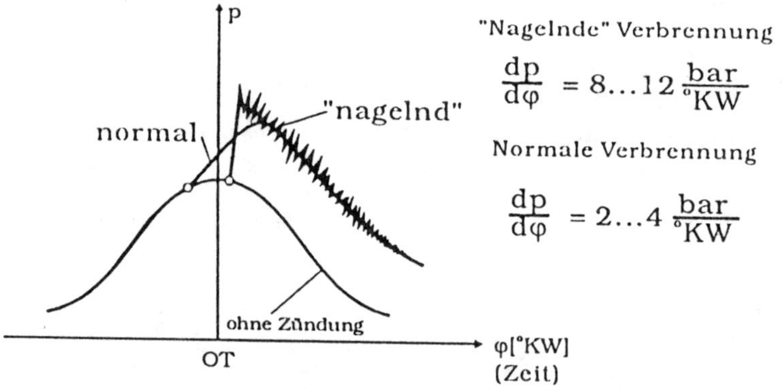

Bild 10.11 Druckverlauf im Zylinder beim „Nageln“

Wie Bild 10.11 zeigt, ist großer Zündverzug die Hauptursache für das „Nageln“. Die hohen Drucksteigerungswerte und die hohen Spitzendrücke haben Überlastungen der Triebwerksteile zur Folge. Bei modernen Verbrennungsverfahren bemüht man sich, das „Nageln“ zu vermeiden und zu einer sog. gesteuerten Verbrennung zu kommen. Das geschieht z.B. durch die erwähnte zeitliche Aufteilung der einzuspritzenden Kraftstoffmenge oder durch zeitlich gesteuerte Gemischbildung mit Hilfe der Wandfilmverdampfung mit Luftdrehung im Brennraum (z.B M-Verfahren nach Meurer [11]). Das Ergebnis, besonders bei letzterem Verfahren, ist eine „weiche“ Verbrennung des Kraftstoffes bei geringem Luftüberschuß ($\lambda = 1,1$) und niedrigen Spitzendrücken sowie weitgehende Unabhängigkeit von den Kraftstoffeigenschaften (Vielstoffmotor).

10.3.3.3 Cetanzahl CZ

Wie an den Otto-Kraftstoff werden auch an den Dieselkraftstoff gewisse Anforderungen hinsichtlich seiner Zündwilligkeit gestellt.
Ein Maß dafür ist die Cetanzahl. Cetan gemischt mit α-Methylnaphtalin ergibt den Vergleichskraftstoff:

100%	n-Cetan $C_{16}H_{34}$	$\hat{=}$	Cetanzahl 100
100%	α-Methylnaphtalin $C_{11}H_{10}$	$\hat{=}$	Cetanzahl 0

Zum Testen des Kraftstoffes gibt es drei „genormte" Prüfmotoren[3].
Als Kriterium dient hier der aus Druckdiagrammen ermittelte Zündverzug.

Zur Oktan-Zahl besteht folgender empirischer Zusammenhang:

Oktan-Zahl OZ = 120 - 2 $\cdot$ CZ (Cetanzahl)

Ein üblicher Wert für Dieselmotoren: CZ = 35...55

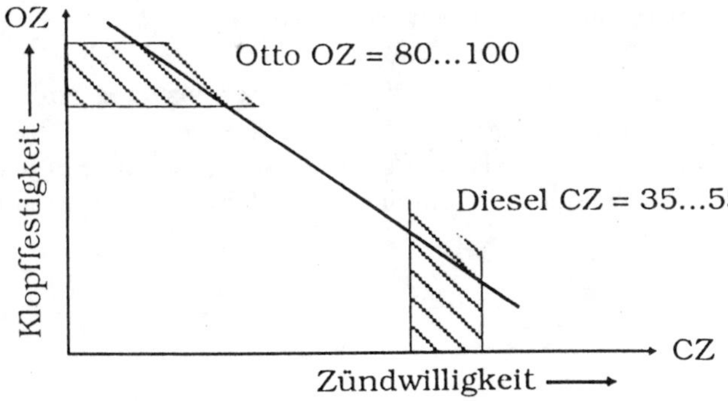

Bild 10.12 Oktanzahl - Cetanzahl

Als Wiederholung:
Zusammenstellung der Kraftstoffeigenschaften bei Diesel- und Otto-Betrieb:

Paraffine – Isoparaffine – Olefine – Naphtene – Aromate

Klopffestigkeit nimmt zu $\longrightarrow$

$\longleftarrow$ Zündwilligkeit nimmt zu

[3]CFR, IG, BASF-Prüfdiesel für Wirbelkammerverfahren, direkte Einspritzung und Vorkammerverfahren mit bestimmten Drehzahlen, Temperaturen, Spritzmengen etc.

11 Zündanlagen für Ottomotoren

Beim Ottomotor muß die sonst am thermodynamischen Prozeß nicht in Erscheinung tretende Zündenergie von außen zeitlich gesteuert der verdichteten und zündfähigen Frischladung zugeführt werden. Die erforderliche Höhe der kurzzeitig freizusetzenden Energie liegt bei 1 bis 5 Millijoule. Es wird jedoch die ca. 10-fache Höhe verwendet. Die Zufuhr der Energie geschieht in der Regel durch Funkenüberschlag zwischen einer in den Brennraum ragenden, gasdichten, hochspannungsfesten und temperaturbeständigen umhüllten Elektrode, der sogenannten Zündkerze, und dem Motorgehäuse. An die Zündkerze werden je nach Motortyp bestimmte thermische Anforderungen gestellt, die durch den Wärmewert beschrieben werden. Dieser ist maßgebend für die sich einstellende Gleichgewichtstemperatur an der Kerze. Er stellt eine „Wärmeabfuhrzahl" dar. Hochbelastete Zweitakt- und schnellaufende Sportmotoren benötigen Kerzen mit höheren Wärmewerten als langsamlaufende Gebrauchsmotoren. Übliche Wärmewerte sind 75...175, 225, 240...370. Nach der Art der Energiespeicherung – vor der Freisetzung – unterscheidet man Spulen- und Kondensatorzündanlagen. Die Energie kann durch zwei Verfahren bereitgestellt werden:

1. Batteriezündung
2. Magnetzündung

Batteriezündung

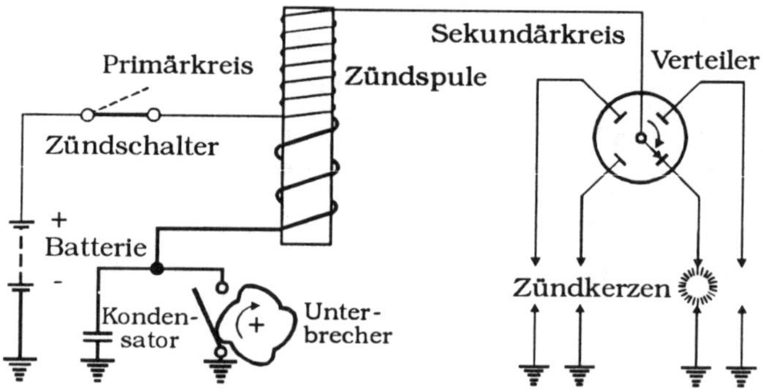

Bild 11.1 Batteriezündung

Als Stromquelle dient eine Akkumulatorenbatterie. Der Strom wird am Unterbrecher zum Zündzeitpunkt unterbrochen. Dadurch wird in der Sekundärwicklung der Zündspule ein Hochspannungsstoß induziert, der sich über den Verteiler und der Zündkerze entlädt.

Magnetzündung

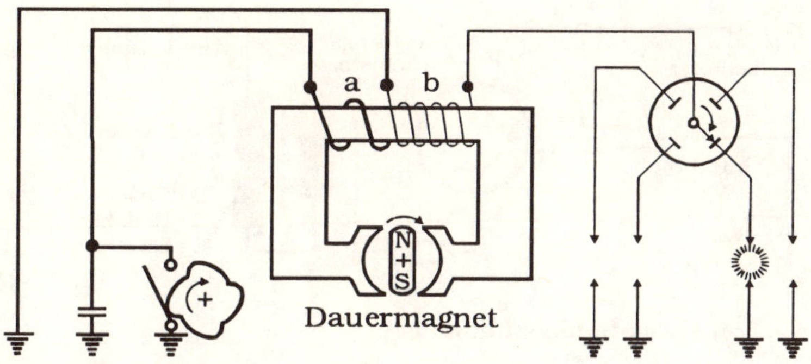

Bild 11.2 Magnetzündung

Durch den rotierenden Dauermagneten wird in der Primärwicklung (a) nach Art der Wechselstrommaschinen eine sinusförmige Spannung induziert. Bei deren Höchstwert wird der Unterbrecher geöffnet. Der entstehende Spannungsstoß in der Sekundärwicklung (b) löst die gleichen Vorgänge aus, die sich bei der Batterizündung abspielen.
Gleichzeitig kann zusätzlich Energie für Beleuchtung erzeugt werden (Schwunglicht – Magnetzündung).

Beide Zündarten sind drehzahlabhängig in der erzeugten Zündspannung:

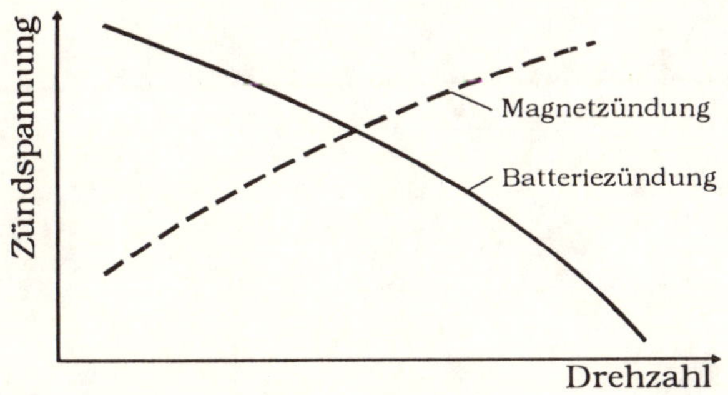

Bild 11.3 Zündspannung bei Magnet- und Batteriezündung

Danach sind Magnetzündanlagen besonders für Sport- und Rennmotoren geeignet, wobei der Start schwierig sein kann. Auch bei Flugmotoren werden häufig Magnetzündanlagen verwendet.

Transistorzündung

Zu den Batteriezündanlagen gehört z.B. auch die Transistorzündanlage. Sie gewährleistet hohe Zündspannung über den gesamten Drehzahlbereich. Außerdem wird durch den wesentlich geringeren Ruhestrom – 0,2 statt 4 Ampere – der Abbrand am Unterbrecher stark verringert. Zu den jüngeren Entwicklungen zählen kontaktlos gesteuerte Transistor-Spulenzündanlagen; zusätzliche Verbesserungen der Spannungshaltung erwartet man von Thyristor-Spulenzündanlagen.

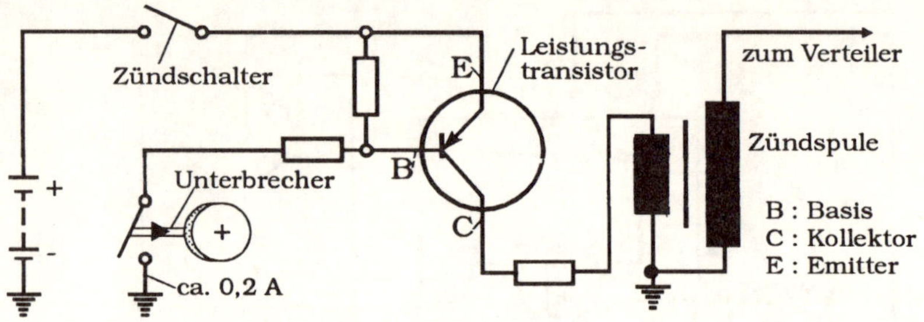

Bild 11.4 Transistor-Spulenzündanlage

Die erforderliche Zündspannung beträgt je nach Brennraumgröße und Verdichtung 5 ... 20 kV. Es werden Anlagen mit Spannungen bis ca. 30 kV z.B. für große Gasmotoren ausgeführt. Der Zündzeitpunkt wird meist kontinuierlich selbsttätig den Betriebsbedingungen angepaßt (z.B. Drehzahl- und Unterdruckversteller).

12 Schmierung und Schmierstoffe

Die Schmierung dient vor allem der Trennung aufeinander gleitender Maschinenteile. Angestrebt wird stets hydrodynamische Schmierung, doch ist in einigen Fällen Mischreibung nicht zu vermeiden (z.B. Zylinderlaufbuchsen). Wichtig ist auch die Funktion der Schmieröle zur Wärmeableitung. Außerdem reinigen sie die Lagerstellen von unvermeidlichem Abrieb. Filterung ist daher nötig. Schließlich ist noch auf eine „Feindichtfunktion" hinzuweisen.

12.1 Schmierfette

Schmierfette werden besonders gut verwendet bei schwierigen Abdichtungsfällen, wenn wenig Schmierstoff erforderlich ist.
Schmierfette bestehen zu ca. 80 % aus Schmieröl mit Seifen als Verdickungsmittel.
Der Tropfpunkt muß über der Betriebstemperatur liegen, damit das Fett nicht wegfließt.
Es gibt Lithiumfette (anwendbar bei -30 bis + 110^oC) Natronfette (-20 bis + 80^oC) und Kalkfette (-30 bis + 50^oC).

12.2 Schmieröle

Mineralöle
Es gibt ***paraffinbasische*** Mineralöle mit vorwiegend langkettigen und ***naphtenbasische*** Mineralöle mit vorwiegend ringförmigen Kohlenwasserstoffen. Die letzteren haben ein schlechtes Viskositäts-Temperaturverhalten (Viskosität stark temperaturabhängig). Allgemein wächst die Zähigkeit mit der Molekülgröße. Mineralöle sind bis 150^oC (max. 180^oC) verwendbar. Bei hohen Temperaturen tritt schnell Alterung des Öles ein. Der Flammpunkt liegt zwischen 190 und 300^oC.

Reines Mineralöl wird kaum verwendet, sondern „legiertes Öl" oder „HD-Öl". Bei diesem ist das Mineralöl lediglich der Träger für verschiedenartige Zusätze (Additive), die dem Schmieröl die gewünschten Eigenschaften verleihen. Man verwendet folgende Zusätze:
Zähigkeits- und Adhäsionszusätze erhöhen die Viskosität und vergrößern das Haftvermögen des Öles an Metallflächen.
Viskositätsindex-Verbesserer (VI-Verbesserer) verringern die Temperaturabhängigkeit der Viskosität.

Hochdruckzusätze (EP-Zusätze) verringern Reibung und Verschleiß bei Mischreibung
Stockpunkterniedriger erlauben die Verwendung bei tiefen Temperaturen (Stockpunkt bei -30 bis -15°C).
Oxydationsinhibitoren verringern die Oxydation und damit die Alterung.
Detergents und Dispersants lösen feste Abscheidungen auf den Maschinenteilen und halten sie in feinster Form in der Schwebe.
Korrosionsverhinderer
Schmierfähigkeitsverbesserer, z.B. pflanzliche und tierische Öle.
Alkalische Wirkstoffe neutralisieren die bei der Verbrennung entstehende Schwefelsäure (TBN = Total-Base-Number).
Molybdäensulfid verbessert die Notlaufeigenschaften und den Einlauf.
Schauminhibitoren verringern die Oberflächenspannung und fördern damit das Abscheiden von Luftbläschen.

12.3 Fettöle

Fettöle sind tierische oder pflanzliche Öle. Ihrer chemischen Zusammensetzung nach sind sie meist Triglyzeride.
Schmierfähigkeit, Druckaufnahmevermögen, Benetzbarkeit und Haftvermögen sind besser als die der Mineralöle.
Aber die Alterungsbeständigkeit der Fettöle ist gering, sie verharzen, dicken ein und scheiden aggressive Fettsäuren aus.
Fettöle werden als Zusatz zu Mineralölen (max. 10 %) verwendet. (Compound-Öle).

12.4 Synthetische Öle

Ester

Ester sind Verbindungen zwischen Alkoholen und Säuren. Große Bedeutung als synthetische Öle haben Di-Ester.
Ihre Eigenschaften sind gutes Viskositäts-Temperaturverhalten, hoher Flammpunkt, geringe Flüchtigkeit, gute thermische Stabilität und Mischbarkeit mit Mineralölen und Fettölen sowie deren Zusätzen.

Polyalkylenglykole

Polyalkylenglykole sind polymere Verbindungen ungesättigter Kohlenwasserstoffverbindungen. Ihre Eigenschaften sind gutes Viskositäts-Temperaturverhalten, tiefer Stockpunkt (-55°C) und gute Schmierfähigkeit. Polyalkylenglykole greifen Dichtstoffe nicht an, sind daher gut als Hydraulikflüssigkeit verwendbar.

Silikonöle

Chemischer Aufbau der Silikonöle:

(R = organische Seitenkette)

$$\left[- \overset{\displaystyle R}{\underset{\displaystyle R}{\overset{|}{\underset{|}{\mathrm{Si}}}}} - \mathrm{O} - \right]_{3\text{-}5000\ \text{mal}}$$

Die Eigenschaften des jeweiligen Silikonöls, insbesondere die Viskosität, richten sich nach dem Aufbau der organischen Seitenkette. Die Eigenschaften sind bestes Viskositäts-Temperaturverhalten, tiefer Stockpunkt (bis herunter auf -75 ^{o}C), hohe Gebrauchstemperaturen (bis herauf auf 250 ^{o}C), geringe Flüchtigkeit und hohe thermische Stabilität. Nachteilig ist das geringe Benetzungsvermögen.

Literatur:

Vögtle, G.: Lexikon der Schmiertechnik, insbesondere die Stichwörter „Synthetische Schmierstoffe“ und „Wirkstoffe“

Milewiz,K.: Lager und Schmierung, Aus der Reihe „Die Verbrennungskraftmaschine“ von Prof. Dr. H. List. Springer-Verlag, Wien

13 Steuerung und Gaswechsel

13.1 Ventilsteuerung

Bei Viertaktmotoren erfolgt der Gaswechsel meistens durch Ventile im Zylinderkopf. Sie werden durch eine Nockenwelle N betätigt, die sich mit halber Drehzahl der Kurbelwelle dreht.

Nebenstehende Skizze zeigt die Standardanordnung eines „kopfgesteuerten" Motors mit Nockenwelle N, Stößel St, Stoßstange Stst und Kipphebel K.

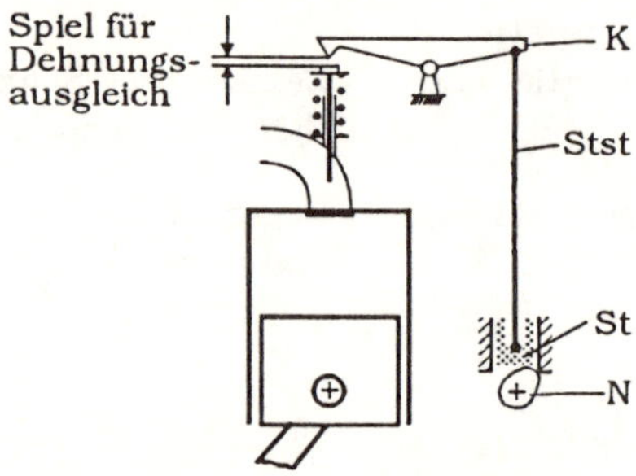

Die Nockenform bestimmt mittelbar den Verlauf der Ventilerhebungskurve und damit der Ein- und Auslaßquerschnitte. Der Einlaßquerschnitt A_V beeinflußt seinerseits den Liefergrad λ_L und damit die Motorleistung. Es kommt also darauf an, das Ventil so früh und schnell wie möglich zu öffnen, so lange wie möglich offen zu halten und so spät und schnell wie möglich wieder zu schließen.

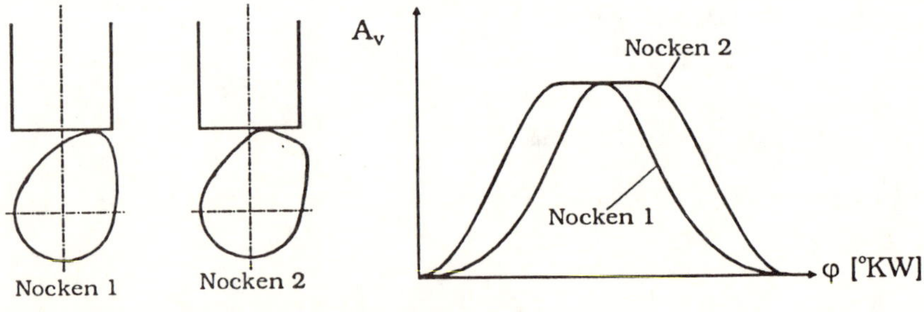

Bild 13.1 Ventilerhebungskurve

Nocken 2 ergibt ein Diagramm hoher „Fülligkeit" (Annäherung an Rechteckform). Maßgebend ist der Wert von $a_{F_{max}}$ (Bild 13.2).
Schnelles Öffnen des Ventils erfordert jedoch größere Kräfte wegen der nötigen hohen Beschleunigung der zu bewegenden Massen. Zur besseren Aufnahme dieser Kräfte werden bei anspruchsvolleren Motoren z.B. obenliegende Nockenwellen oder ähnliche Konstruktionen verwendet (s. Bild 20.4, Anhang S.113).

Die konstruktive Aufgabe liegt also darin, die maximalen Beschleunigungen im Ventilhub zu ermöglichen. Erst die zweimalige Differentiation der Ventilhubkurve zeigt auf, daß Geschwindigkeit und Beschleunigung des Ventils sehr starken Größenschwankungen unterliegen, die je nach Wahl der Nockenform mit Unstetigkeiten und „Rucken“ verbunden sind. Dies wird deutlich am scheinbar glatten Verlauf der Ventilerhebungskurve eines Kreisbogennockens, dessen einzelne Abschnitte namensgemäß außer durch eine Auflauframpe im Spielbereich durch geeignete Kreisbogen gebildet werden[1]:

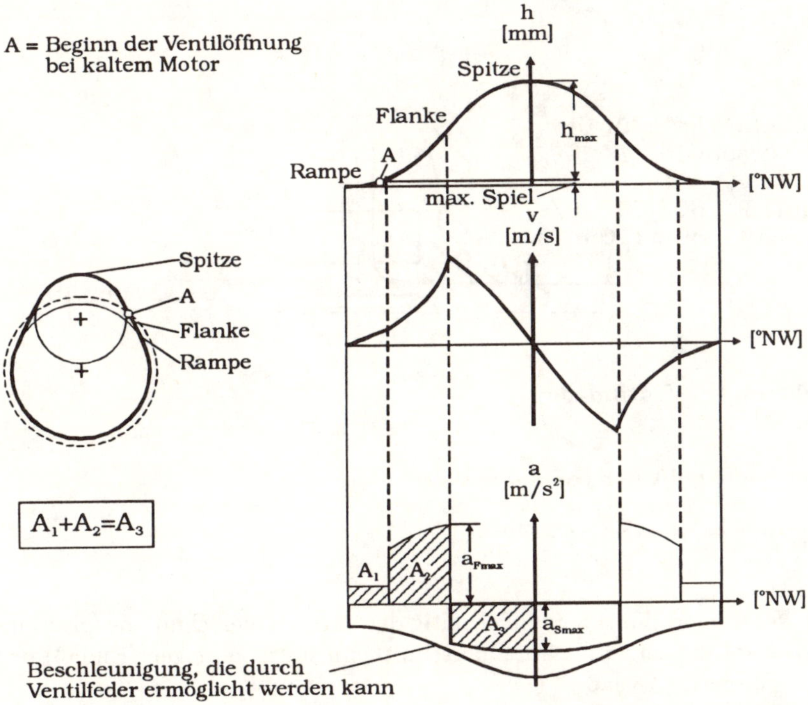

Bild 13.2 Ventilgeschwindigkeit und -beschleunigung

[1] Es sind aber auch beliebige andere Funktionen möglich, die an den Übergangsstellen der Abschnitte verträglich sein müssen. Die Rampe wird so ausgelegt, daß im Pkt. A kein zu großer Stoß entsteht. Die Rampenendgeschwindigkeit beträgt bei PKW-Motoren etwa 0,3 m/s.

Nach der maximalen Flankenbeschleunigung $a_{F_{max}}$ des Nockens erfolgt die Dimensionierung der Einzelteile des Ventiltriebes.

Es gelten folgende Erfahrungswerte:

			gr.Motoren	kl.Motoren
stoßstangengesteuert	$a_{F_{max}}$	=	400...1200...	1800 m/s^2
obenliegende Nockenwelle	$a_{F_{max}}$	=	2000...	5000 m/s^2
zwangsgesteuert	$a_{F_{max}}$	=		bis 17000 m/s^2

Der Ventilöffnungs-Querschnitt wird in erster Näherung mit folgender Gleichung ermittelt:

$$v_G \cdot A_V = A_K \cdot c_m \tag{13.1}$$

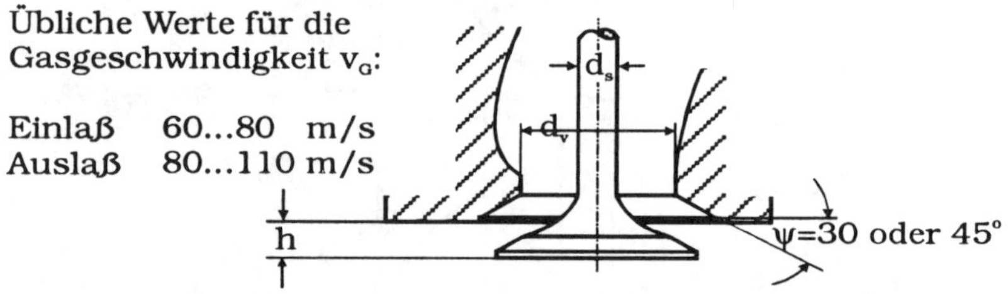

Bild 13.3 Ventilmaße

Der Ventilhub ergibt sich sodann aus

$$\begin{aligned} \mu \cdot A_V &= \mu \cdot \pi \cdot d_V \cdot h \cdot \cos \psi \\ &\leq \left(d_V^2 - d_S^2\right) \cdot \pi/4 \end{aligned} \tag{13.2}$$

d.h. der Ventilquerschnitt soll gleichzeitig der engste Querschnitt des Systems sein. Die Kanäle sollen sich zu diesem Querschnitt hin stetig verengen (Einlaß) bzw. von hier aus erweitern (Auslaß).

In dieser Gleichung bedeuten:

μ	=	Durchflußziffer
A_V	=	während des Ventilhubes freigegebener Durchflußquerschnitt
ψ	=	Winkel des Ventilsitzes
h	=	Ventilhub (ergibt sich aus obigem meist zu $d_V/4 \ldots d_V/3$)
A_K	=	Kolbenfläche
c_m	=	mittlere Kolbengeschwindigkeit

Die Ventilfeder muß so dimensioniert sein, daß sie das Ventil mit ausreichender Sicherheit auch bei Motor-Höchstdrehzahl schließen kann, ohne daß der Stößel vom Nocken abhebt. Ist keine Sicherung gegen Überdrehen im Motor eingebaut, so soll die Sicherheit gegen Abheben 20...80% betragen.

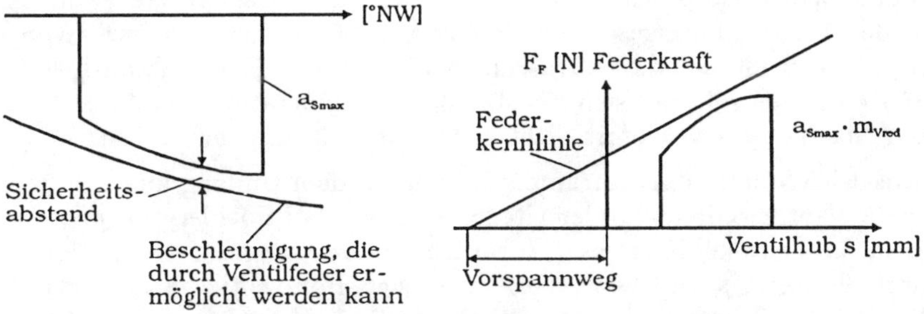

Bild 13.4 Federkraft und durch Ventilfeder ermöglichte Beschleunigung

Bei Saug- bzw. aufgeladenen Motoren muß außerdem ein Zuschlag für Unterdruck hinter bzw. Überdruck vor dem Einlaßventil in Strömungsrichtung gegeben werden, so daß mit den auf Ventilseite reduzierten Massen $m_{V_{red}}$ gilt(F_g=Gaskraft):

$$F_F = (1,2 \ldots 1,8) \cdot a_{S_{max}} \cdot m_{V_{red}} + F_g \tag{13.3}$$

Das Ventil unterliegt starken mechanischen und thermischen Beanspruchungen. Diese sind im wesentlichen bedingt durch:

- Temperaturgefälle im Teller von der Mitte zum Rand (Tangentialspannungen)
- Gasdruck
- Aufschlagen auf den Sitz
- Biegespannungen an Teller und Schaft infolge Sitzverformung
- Korrosionsangriff (Heißkorrosion)

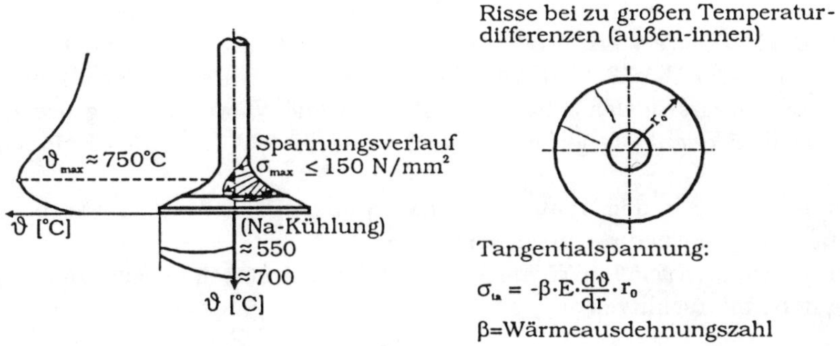

Bild 13.5 Spannungen am Ventil

Die thermischen Beanspruchungen betreffen vor allem das Auslaßventil. Die ausströmenden Verbrennungsgase erhitzen das A-Ventil auf Temperaturen von 750^oC und mehr. Das heißt, daß dieses Maschinenelement unter Hellrotglut arbeitet, dabei zuverlässig dichten soll und sich bei ständigem Temperaturwechsel durch häufiges An- und Abschalten des Motors nicht verziehen und nicht reißen darf.

Zum Ausgleich von Temperaturunterschieden auf dem Umfang und zur Reinigung können die Ventile gedreht werden (Rotocap, usw.). Bei Hochleistungsmotoren muß außerdem für Ventilkühlung gesorgt werden, um vor allem zu hohe Temperaturen in Ventiltellermitte abzubauen. Hier haben sich Hohlventile mit Natriumfüllung bewährt, die den Schaft stärker zur Wärmeabfuhr heranziehen. Im Schiffsmotorenbau (n< $8s^{-1}$) wird auch Wasserkühlung angewandt.

Entscheidende Bedeutung für die Wartungsintervalle eines Motors hat der Ventilsitz-Verschleiß. Er tritt hauptsächlich am Einlaßventil auf und besonders bei Dieselmotoren, welche reine Luft ansaugen und dadurch keine natürliche Schmierung erhalten. Man begegnet dieser Erscheinung durch Ventiltellersitz-Panzerung mit Stelliten oder durch geringe Beimengungen von Öl in die angesaugte Luft. Einen Überblick über mögliche Ventilschäden aufgrund der genannten Beanspruchungen ist im Anhang Seite 123 gegeben.

Der Versuch, die dynamischen und strömungstechnischen Schwierigkeiten der Tellerventil-Steuerung zu umgehen, hat bei den Viertakt-Motoren auch zur Konstruktion von Schiebersteuerungen geführt, die alle ein gemeinsames Ziel verfolgen: die Erzielung großer Zeitquerschnitte bei völliger Unabhängigkeit von der Drehzahl des Motors. Mit den dadurch erreichbaren hohen Zylinderleistungen und Mitteldrücken wurden jedoch Probleme der Wärmeabfuhr, Abdichtung und Betriebssicherheit eingehandelt, die die Schiebersteuerung nur so lange aktuell sein ließen, wie keine hohe Lebensdauer von den Motoren verlangt wurde. Das Tellerventil mit all seiner Problematik hat einen entscheidenden Vorteil: es dichtet unter Innendruck selbsttätig ab. Dies wird bei Brennkraftmaschinen mit gleicher Zuverlässigkeit von keinem anderen Verfahren erreicht.

13.2 Gaswechsel bei Zweitaktmotoren

Bei Zweitakt-Motoren erfolgt der Gaswechsel über Einlaß- und Auslaßschlitze im Zylinderumfang oder Einlaß- und Auslaßschlitze nach den Regeln der Gasdynamik durch die Restenergie in den Abgasen und durch die Vorverdichtung der Frischladung. Für einen qualitativ guten Gaswechsel werden 20 ...30 des Kolbenhubes benötigt.

Bevor frische Ladung in den Zylinder gelangt, muß der Überdruck der verbrannten Abgase auf den Spüldruck gesunken sein.

Dies bedingt große Auslaßquerschnitte mit rascher Querschnittsöffnung vor der Eröffnung der Einlaßschlitze.

Die Leistung eines Zweitaktmotors müßte nach der Gleichung

$$P_e = \frac{p_e \cdot V_H \cdot n}{a} \; [kW] \qquad (13.4) \qquad \begin{array}{l} a = 1 \text{bei 2-Takt} \\ a = 2 \text{bei 4-Takt} \end{array}$$

unter gleichen Bedingungen doppelt so groß sein wie die eines Viertakt-Motors. Praktisch ist dies jedoch nicht zu ereichen, weil der Gaswechsel in kürzerer Zeit erfolgen muß und der Nutzhub durch die Schlitzanordnung oder frühe Öffnung eines Auslaßventils verringert ist. Daraus folgt, daß

$$p_{e_{2T}} < p_{e_{4T}} \qquad (13.5)$$

13.2.1 p,V-Diagramm des Zweitakt-Motors

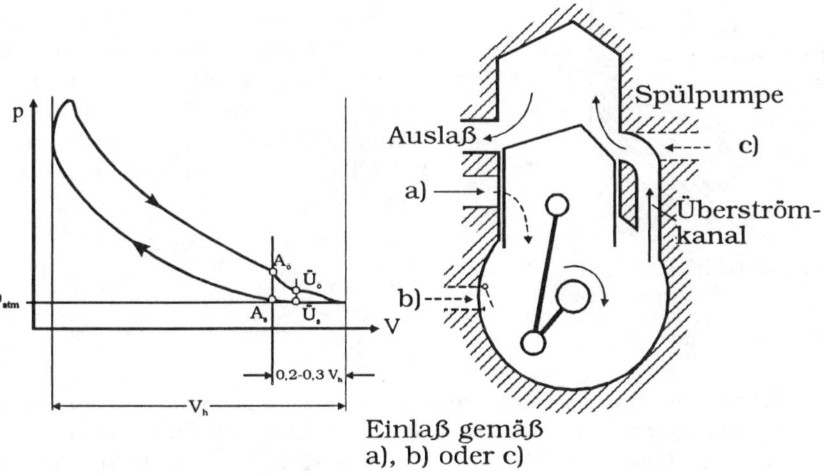

Bild 13.6 p,V-Diagramm des Zweitakt-Motors

Für den Gaswechsel ist in jedem Fall eine Spülpumpe erforderlich.
Diese kann bestehen in der

	Kolbenunterseite gem. a oder b	im Bild 13.6
oder einem	Fremdgebläse (Spülpumpe) gem. c	im Bild 13.6

Der Zweitakt-Gaswechsel läuft im einzelnen so ab, daß im Expansionshub bei A.ö. das Auslaßorgan öffnet. Der Druck im Zylinder soll dann nach Möglichkeit auf Spüldruck abfallen bevor das Überström- oder Spülorgan öffnet (Ü.ö.). Es erfolgt das Einströmen der Frischluft bzw. des Frischgemisches mit der Spülung. Dieser Vorgang wird bei Ü.s. abgeschlossen. Die Kompression kann im wesentlichen erst bei A.s. beginnen.
Ist der zeitliche Abstand A.ö. bis Ü.ö. bzw der in diesem Abschnitt freigelegte Auslaßquerschnitt zu gering, sinkt der Druck im Zylinder nicht weit genug ab und es

erfolgt ein schädliches Rückschlagen des Abgases in die Frischladung. Der ausreichenden Bemessung des sog. Vorauslaß-Querschnittes kommt demnach besondere Bedeutung zu.

13.2.2 Kurbelkammerdiagramm

Zweitakt-Motoren mit Kurbelkammerspülung sind als Motorradmotoren sehr weit verbreitet. Bei ihnen findet sowohl die Schnürle-Umkehrspülung mit Flachkolben als auch Querspülung mit Nasenkolben (Bild 13.9) Anwendung.

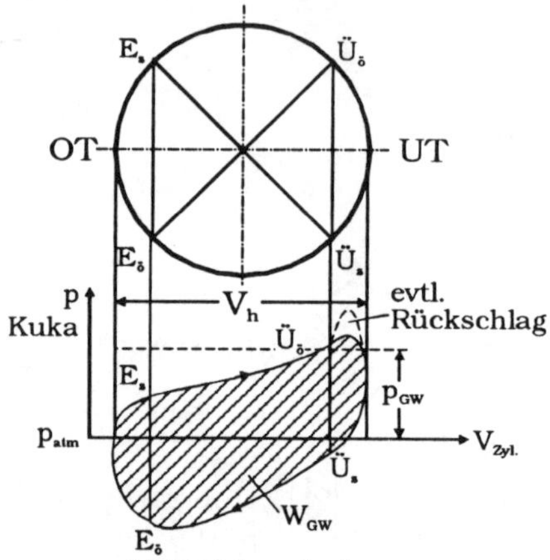

p_{GW}= Mitteldruck der Gaswechselarbeit

$p_{GW} \cdot V_h = W_{GW}$

Arbeitsweise (gem. Fall a)

Beim Aufwärtshub entsteht im Kurbelraum zunächst ein Unterdruck, weil das Kolbenhemd den Einlaß verschließt. Bei $E_ö$ öffnet sich der Einlaß und Frischladung strömt in den Kurbelraum. Beim Abwärtshub schließt der Kolben bei E_s den Einlaß und verdichtet die Frischladung auf ca. 1,4 bar. Bei $Ü_ö$ öffnet sich der Überströmkanal und die Frischladung strömt in den Zylinderraum.
Im Falle b bildet sich kein wesentlicher Unterdruck aus.

Die Gasströmungen während des Gaswechsels werden ausschließlich durch Druckdifferenzen hervorgerufen. Anders als beim Viertakt-Motor findet keine wesentliche Verdrängung der Gase im Zylinder durch den Kolben statt. Durch das periodische Auftreten dieser Druckunterschiede lassen sich ein- und auslaßseitig durch spezielles Bemessen von Volumen, Leitungslängen, Querschnitten und Steuerzeiten Druckschwingungs-Abstimmungen vornehmen, die Spülqualität und Quantität beträchtlich erhöhen. Das kann versuchsweise so weit getrieben werden, daß eine Spülpumpe entfallen kann (z.B. Kadenacy-Motor).
Praktisch wird man jedoch bei nichtstationären Motoren die Leitungen so abstimmen, daß nicht bei bestimmten Drehzahlen Leistungsmaxima und bei anderen Leistungsminima erhalten werden, sondern je nach Verwendungszweck ein mehr oder minder breites Leistungsmaximum eintritt.

13.2.3 Zeitquerschnitt, Winkelquerschnitt, spezifischer Zeitquerschnitt

Für den Ladungswechsel bei Zweitakt-Motoren ist z.B. eine bestimmte Luftmenge pro Hub erforderlich:

$$dm = v \cdot \rho \cdot A \cdot dt \tag{13.6}$$

$$m = v \cdot \rho \cdot \int_{E_ö}^{E_s} A \cdot dt \quad \text{Annahme: v = const.} \tag{13.7}$$

Darin ist: ρ = Dichte $[kg/m^3]$
m = Luftmenge $[kg]$
v = Strömungsgeschwindigkeit $[m/s]$
A = Querschnitt des Schlitzes$[m^2]$
t = Zeit$[s]$

$$\boxed{\int_{E_ö}^{E_s} A \cdot dt = Z} = \underline{\text{Zeitquerschnitt}} \quad \begin{matrix}\text{(Betriebsgröße)} \\ \text{(z.B. f. Einlaß)}\end{matrix}$$

Als eine Konstruktionsgröße wird der Winkelquerschnitt definiert. Er steht in folgendem Zusammenhang zum Zeitquerschnitt :

$$1 \text{ Umdr.} \ \widehat{=} \ 360^o \widehat{=} \frac{1}{n} \ [s] \tag{13.8}$$

$$\text{Zeit für } \varphi[^o KW] = \frac{\varphi}{360} \cdot \frac{1}{n} = \frac{\varphi}{360 \cdot n} \ [s] \tag{13.9}$$

Daraus folgt:

$$dt = \frac{1}{360 \cdot n} \cdot d\varphi \tag{13.10}$$

$$Z = \frac{1}{360 \cdot n} \cdot \int_{E_ö}^{E_s} A \cdot d\varphi \tag{13.11}$$

Darin ist: n = Kurbelwellendrehzahl $[s^{-1}]$
φ = Kurbelwinkel

$$\boxed{\int_{E_ö}^{E_s} A \cdot d\varphi = W} = \underline{\text{Winkelquerschnitt}} \ \text{(Konstruktionsgröße)}$$

Der Zeit- bzw. Winkelquerschnitt läßt sich ebenso wie für den Einlaß auch für den Auslaß und vor allem für den Vorauslaß – Abschnitt vom Öffnen des Auslasses bis zum Öffnen des Einlasses oder des Überströmschlitze – beschreiben. Der spezifische Zeitquerschnitt $Z_{sp} = Z/V_h$ (V_h = Volumen für 1 Zylinder) erlaubt einen Vergleich der Schlitze verschiedener Motoren. Das gilt insbesondere für den spezifischen Zeitquerschnitt des Vorauslasses.

13.2.3.1 Winkelquerschnitt und Steuerdiagramm

Die Bestimmung des Winkelquerschnittes erfolgt durch Planimetrieren der Fläche unter der Kurve $A = f(\varphi)$ in der folgenden Abbildung:

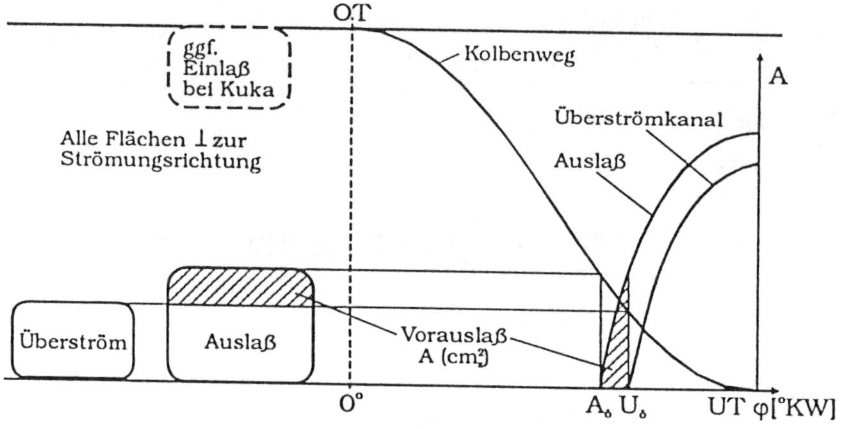

Bild 13.7 Bestimmung des Winkelquerschnittes

Zahlenbeispiel:

Die freigelegte Schlitzfläche A sei aufgetragen mit dem Maßstab $m_A = 1{,}25 cm^2/cm_z$ (Index z: Zeichnung), der Kurbelwinkel mit dem Maßstab $m_\varphi = 10^o KW/cm_z$. Wenn die schraffierte Fläche zu $A_Z = 2{,}3 cm_z^2$ planmetriert wurde, beträgt der Winkelquerschnitt des Vorauslasses W_{VA} : $W_{VA} = A_Z \cdot m_A \cdot m_\varphi = 2{,}3 cm_z^2 \cdot 1{,}25 cm^2/cm_z \cdot 10^o KW/cm_z = 28{,}75 cm^2 \cdot^o KW$.

Bei Ventilen ist die Erhebungskurve zu verwenden.

Vergleichsgeschwindigkeit v bezogen auf den Zeitquerschnitt sind $v_A = 80 \ldots 90 m/s, v_E = 100 \ldots 110 m/s$.

13.2.4 Symmetrische und unsymmetrische Steuerdiagramme

Bei Zweitakt-Motoren mit einem Kolben je Brennraum sind bei Schlitzsteuerung allein durch den Kolben nur sog. symmetrische Steuerdiagramme möglich:

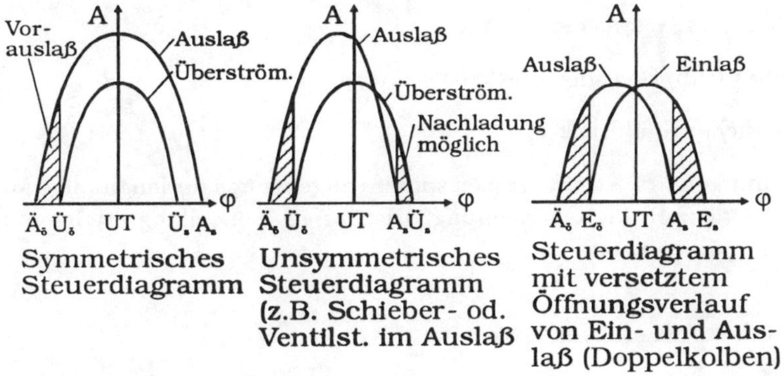

Bild 13.8 Steuerdiagramme

Es ist jedoch nach UT wünschenswert, den Auslaß vor dem Einlaß zu schließen, um Nachladung zu ermöglichen. Dies geschieht bei Motoren mit einem Kolben je Brennraum durch Schieber oder Auslaßventile, die beim Aufwärtshub des Kolbens vor dem Überström- bzw. Spülschlitzen schließen. Bei Doppelkolben-Motoren kann man durch Phasenverschiebung der Hübe beider Kolben erreichen, daß sich der Auslaß in der oben angedeuteten Weise vor dem Einlaß schließt.

13.2.5 Spülsysteme

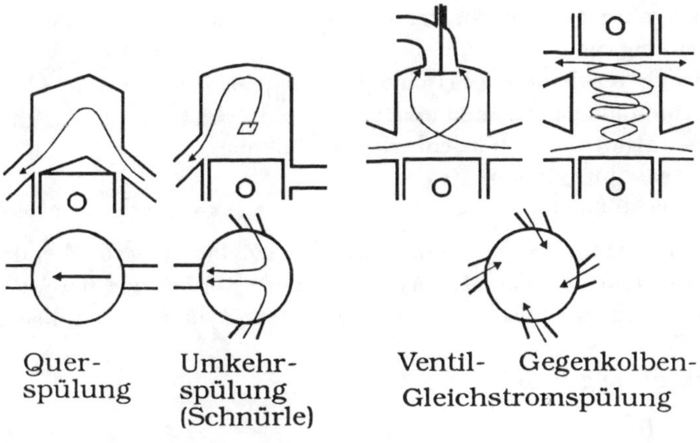

Bild 13.9 Spülsysteme

Die technische Ausbildung ist in den Bildern Anhang Seite XII wiedergegeben. Beurteilungskriterien für diese Spülsysteme sind:

- Qualität der Spülung (Restgasanteil)
- Quantität des Gaswechsels
- Mögliches Hub/Bohrungs-Verhältnis
- Erforderlicher Spüldruck p_s

Die Systeme mit geführten Spülströmen sind im allgemeinen für langhubige Motoren besser geeignet als z.B. die Querspülung. Die übrige Beurteilung erfolgt mit Hilfe der folgenden Spülkennwerte.

13.2.6 Spülkennwerte des Zweitaktmotors

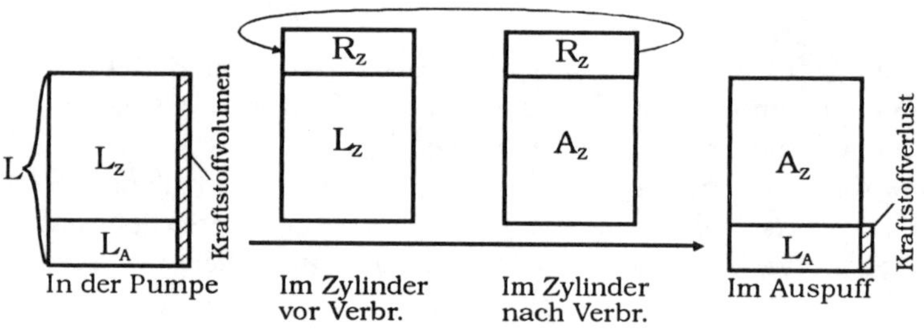

Bild 13.10 Spülkennwerte des Zweitaktmotors

$A_Z \approx L_Z$ (Gasmenge im Zylinder ändert sich während der Verbrennung nicht)

L_Z = im Zyl. verbleibende Frischladungsmenge
A_Z = Verbrennungsgasmenge im Zyl. (ohne Restgas)
L = Gesamtluftmenge (einschl. Kurzschlußmenge)
R_Z = Restgas im Zylinder
L_A = Kurzschlußmenge

Der Liefergrad bei Zweitaktmotoren, der ja nur die im Zylinder verbleibende Luft erfassen soll, kann nicht in der gleichen Weise definiert werden wie bei Viertakt-Motoren. Spülverluste (Kurzschluß) und Restgasanteil im Zylinder beeinflussen das Resultat.
Für den Mitteldruck gilt allgemein:

$$p_e = \eta_e \cdot \lambda_{Ln} \cdot \frac{H_u}{\lambda \cdot L_{min}} \tag{13.12}$$

Den Liefergrad λ_{Ln} des Zweitaktmotors erhält man aus folgender Betrachtung:

Luftaufwand (meßbar) $\psi = \frac{L}{V_H} = \frac{L_Z+L_A}{V_H}$ $[m_n^3/m^3]$

Fanggrad $\alpha = \frac{L_Z}{L_Z+L_A}$ $[m_n^3/m_n^3]$

Liefergrad $\boxed{\lambda_{Ln} = \psi \cdot \alpha = \frac{L_Z}{V_H}}$ $[m_n^3/m^3]$

Andere Betrachtungsweise:

Spülwirkungsgrad $\lambda_S = \frac{L_Z}{L_Z + R_Z}$ $[m_n^3/m_n^3]$

rel. Gesamtladung $\lambda_g = \frac{L_Z + R_Z}{V_H}$ $[m_n^3/m^3]$

Liefergrad $\boxed{\lambda_{Ln} = \lambda_S \cdot \lambda_g = \frac{L_Z}{V_H}}$

Die Ermittlung von α und λ_S erfolgt z.B. mit Hilfe von zeitlich gesteuerten Gasanalysen aus dem Zylinder vor und nach der Verbrennung und aus dem Abgassystem.[10] (Siehe auch Anhang 144)

λ_g kann gerechnet werden, wenn Druck und Temperatur bei Verdichtungsbeginn bekannt sind.

Zusammenhang zwischen λ_S und ψ:

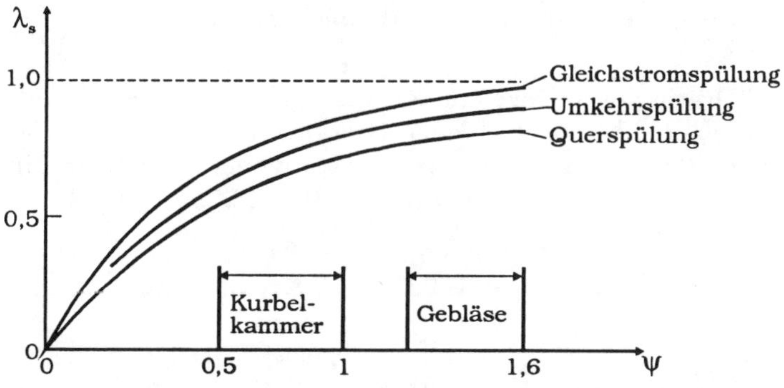

Bild 13.11 Zusammenhang zwischen λ_S und ψ

Der Luftaufwand ψ ist bei Kuka-Motoren nicht frei wählbar, sondern vor allem von dem Verdichtungsverhältnis der Kurbelkammer abhängig.

Bei Gebläsemotoren wird ψ frei gewählt, aber optimiert. Eine Steigerung über ein bestimmtes Maß hinaus erbringt gemäß Bild 13.11 keine Steigerung des Spülwirkungsgrades λ_S mehr und erfordert unnötig hohen Energieaufwand (Gaswechselarbeit!).

13.2.7 Grenzwert n·D

Die Vergleichsgasgeschwindigkeit v_g beim Spülen des Zylinders ist

$$v_g \approx \frac{\psi \cdot n \cdot V_h}{A_{\text{Schlitz}}} \qquad (13.13)$$

Darin sind V_h der Hubraum und A_{Schlitz} der Querschnitt z.B. der Spülschlitze. Da $V_h \sim D^3$ und $A_{\text{Schlitz}} \sim D^2$ ergibt sich

$$v_g = \text{Konstante} \cdot n \cdot D \qquad (13.14)$$

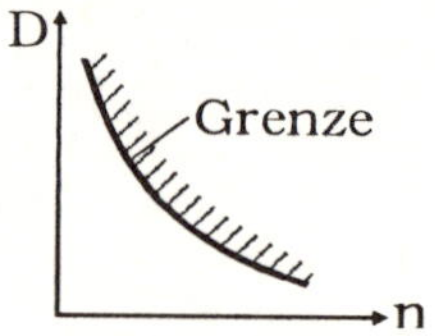

Bild 13.12
Grenzkurve

Für gleiches vertretbares v_g muß die Grenzkurve in Bild 13.12 beachtet werden, oberhalb der eine gute Spülung mit vertretbarem Aufwand nicht möglich ist.

Vorhandene Werte sind etwa

Ottomotoren	n·D	=	4,5 m/s	(270 m/min)
Dieselmotoren	n·D	=	2,0 m/s	(120 m/min)

Abstimmung der Ansaugverhältnisse bei Kurbelkammerspülung
(Ergänzung zu 13.2.2)[12]:

Zeitquerschnitt und Druckschwankungen in der Ansaugleitung können so aufeinander abgestimmt werden, daß bei E_s gerade ein Druckmaximum in der Kurbelkammer herrscht und damit ψ ein Maximum wird. ψ ist nämlich der Druckdifferenz $p_{Kuka\,E_s} - p_{Kuka\,E_ö}$ direkt proportional(s. Seite 66, Bild 13.2.2)

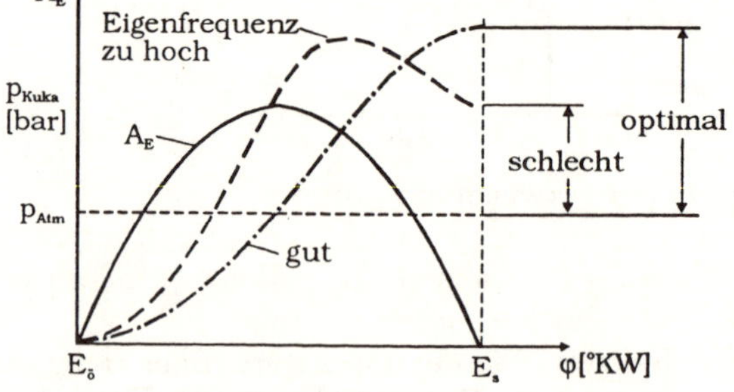

Bild 13.13

Dazu muß die akustische Eigenfrequenz des Einlaßsystems – Rohr und Kurbelraum – ermittelt werden (Knallversuch oder Errechnung).

14 Überblick über die Aufladung von Motoren

14.1 Zweck der Aufladung

Leistungserhöhung bei gleichbleibendem Hubraum und gleichbleibender Drehzahl. (Erhöhung der Hubraumleistung)

Leistungserhaltung (Gleichdruckladung) bei abnehmender Außenluftdichte bei Flugmotoren.

Der Zusammenhang von Mitteldruck und Liefergrad ist, wie auf Seite 31 dargelegt:

$$p_i = \eta_i \cdot \lambda_{Ln} \cdot \frac{H_u}{\lambda \cdot L_{min}} \tag{14.1}$$

Mit Hilfe der Aufladung wird der Liefergrad λ_{Ln} erhöht durch Vorverdichtung der Luft (Erhöhung von ρ).

14.2 Ausführungsmöglichkeiten

14.2.1 Mechanisch angetriebener Lader

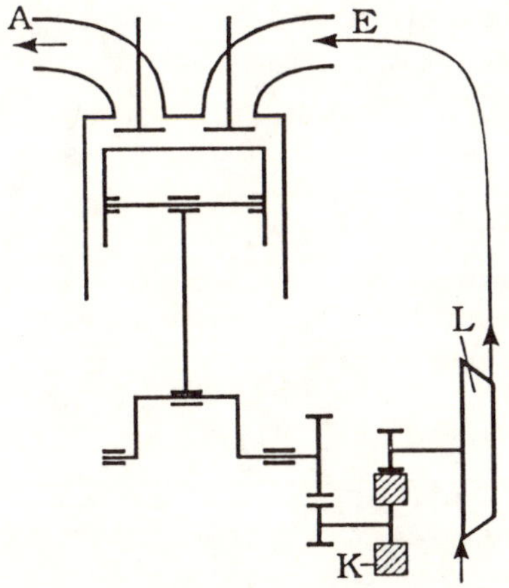

Möglichkeiten für Lader L:
- Radialschleudergebläse
- Rootsgebläse
- Vielzellengebläse
- Kolbengebläse
- Schraubengebläse
- Scrollgebläse (G-Lader)

Anwendung hauptsächlich bei Ottomotoren mit Saug- oder Druckvergaser oder Einspritzung, z.B. Flugmotoren von Pratt und Whitney.

Bild 14.1 Mechanisch angetriebener Lader

Im p,V-Diagramm sind die Laderarbeit, Gaswechselarbeit und Innenarbeit gekennzeichnet. Dabei wird hier im Gegensatz zum Saugmotorbetrieb die Gaswechselarbeit im Zylinder positiv. Die Gaswechselfläche wird hier rechtsherum umfahren. Es wird damit ein Teil der Laderarbeit zurückgewonnen.

Darstellung im p,V-Diagramm:

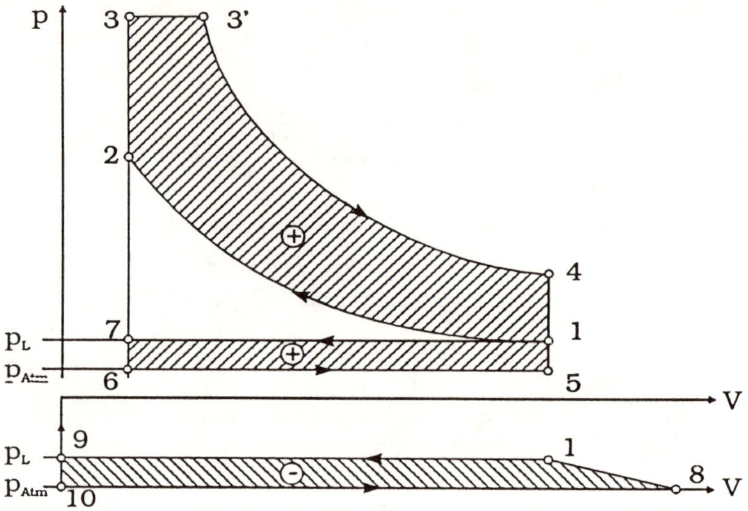

Bild 14.2 p,V-Diagramm des Ladermotors

Annahme	:	vollkommener Prozeß ohne Drosselverlust
Lader	:	8 - 1 - 9 - 10 - 8 (neg.)
Rückgewinn		
Gaswechsel	:	1 - 5 - 6 - 7 - 1 (pos.)

Erfolg der mechanischen Aufladung im einzelnen:

1. ρ-Erhöhung
2. Rückgewinnung an Gaswechselarbeit
3. Restgasverdichtung, Restgasausspülung

   zu 3: p_i wird maximal um $\dfrac{1}{\varepsilon - 1}$ größer

Praktisches Ergebnis:

Einstellung : $p_L/p_{Atm} = 1,7$

dabei

Steigerung des Mitteldruckes durch	auf das
ρ/ρ_{Atm} (Pkt.1)	1,7 fache
+ Rückgewinn Gaswechselarbeit (Pkt.2)	1,8 fache
+ Totraumverdichtung (Pkt. 3)	1,85 fache
+ relative Verringerung von mech. Verlusten	2,0 fache

14.2.2 Abgasturbolader

Eine Abgasturbine treibt einen Lader „freifliegend" (keine Verbindung zur Kurbelwelle) an. Es erfolgt also eine Ausnutzung der Abgasenergie! (Siehe Wärmeverluste im Abgas-Sankey-Diagramm Seite 22). Der Nutzwirkungsgrad η_e ist bei diesem Verfahren also höher als bei Saugmotoren oder Motoren mit mechanisch angetriebenem Lader [15]. Anwendung: Bei Ottomotoren mit extremer Leistungsdichte, bei Dieselmotoren mit einer Leistung über ca. 300 kW fast ausschließlich. Im p,V-Diagramm sind Laderarbeit und Turbinenarbeit dargestellt.

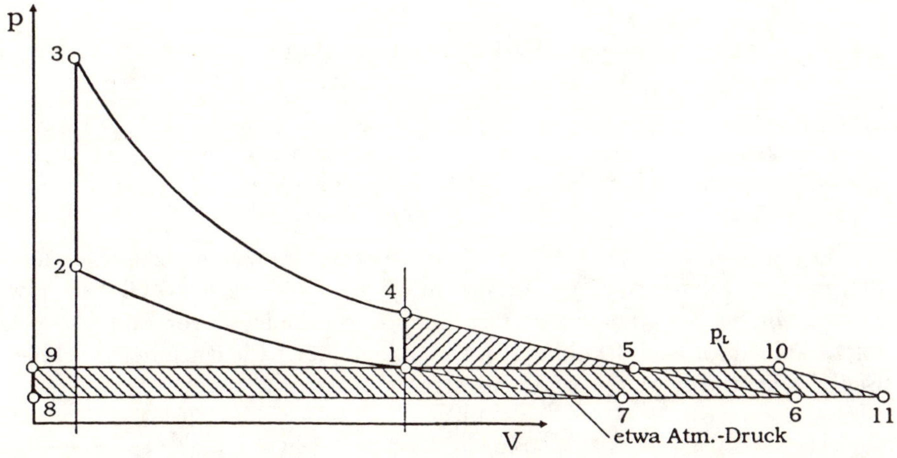

Bild 14.3 p,V-Diagramm eines Motors mit Abgasturbolader

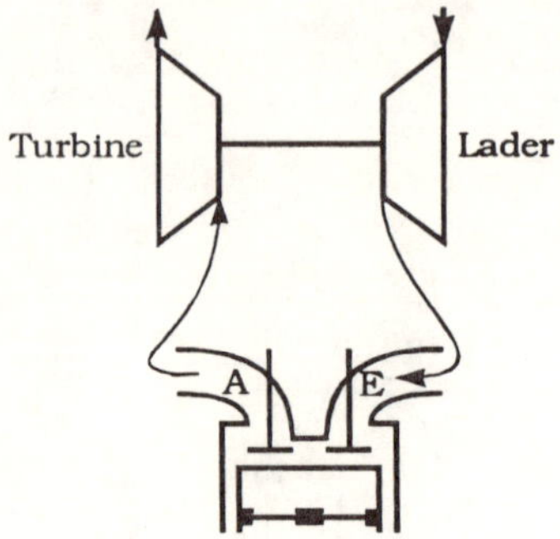

Lader : 7-1-9-8-7

Turbine : 10-11-8-9-10

Differenz : 10-11-7-1-10
(ungefähr)

(zur Deckung von Verlusten in Lader und Turbine)

Bild 14.4

Druck sinkt von 4 nach 5 (vor Turbine), außerdem steigt entsprechend etwa der Fläche 4-5-1 die Temperatur (z.B. 200...250^oC im Diesel-, 200...350^oC im Ottomotor). Daher Volumenzunahme von 5 nach 10!
(Diese Temperatur-Erhöhung wird aus absoluten Wärmewert der Arbeit 4-5-1-4 errechnet.)

14.2.3 Sonstige Verfahren

Neben den erörterten Aufladeverfahren gibt es noch andere, bei denen z.B. die Abgasenergie in einem dynamischen Energietauscher direkt an die Ladeluft abgegeben wird.
Beispiel: Comprex-Verfahren.

14.3 Gegenwärtiger Entwicklungsstand der Aufladung

Mitteldruck

Ottomotoren:	$p_e =$	35	bar	(Formel I „Turbo-Aera“)
Dieselmotoren:	$p_e =$	21...24	bar	(Serie)
	$p_e =$	32	bar	(Versuch)

Der Leistungsgewinn beträgt bei Serienmotoren ungefähr 250 bis 300%. Die thermische Belastung ist u.a. infolge möglicher Spülung des Zylinders etwa eben so groß wie bei Saugmotoren. Es ist sinnvoll, die Ladeluft vor Eintritt in den Motor zu kühlen („Ladeluftkühlung“). Dabei kann der Ladedruck bei gleichbleibender Bauteiltemperatur weiter erhöht werden.

Beispiel

Meßergebnis Lokmotor	$P_e = 750$kW Temp. vor Ventil	$p_L = 2$bar $t_L = 150°C$	ohne LLK
	$P_e = 1000$kW Temp. vor Ventil	$p_L = 2{,}3$bar $t_L = 70°C$	mit LLK

Höchster Wirkungsgrad (Schiffsdiesel)

$$\eta_e = 0,50 - 0,52 \qquad b_e = 0,170 - 0,164 \text{ kg/kWh}$$

Spitzendruck im Zylinder

Beispiel Dieselmotor:	p_L [bar]	p_e [bar]	p_z [bar]
	1,0	5	60
n ~ 1500 1/min	1,7	10	90
	2,3	15	115
	-	30	180

14.4 Sonderprobleme bei der Aufladung der Zweitakt-Motoren

Hier sind die Abgastemperaturen niedrig wegen des hohen Luftüberschusses im Abgas infolge der Spülung. Das Wärmegefälle reicht daher in ungünstigen Fällen nicht aus, um den Lader anzutreiben. Das trifft z.B. beim Anfahren, Teillastbetrieb und Beschleunigen eines Motors zu.

Aus Gleichheit von Turbinenleistung und Laderleistung bei der reinen Abgasturboaufladung ergibt sich folgendes Bild:

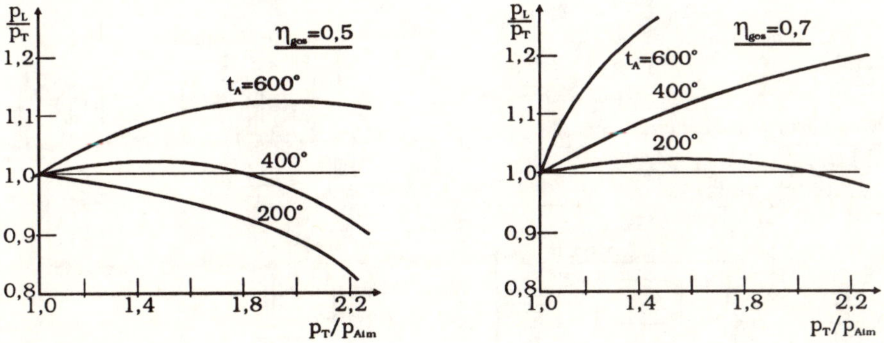

Bild 14.5

Darin sind:

p_L	Ladedruck	η_{ges}	$=\eta_T \cdot \eta_L$	Wirkungsgrad des Abgasturboladers
p_T	Druck vor Turbine			
p_{Atm}	Atmosphärendruck	t_A		Temperatur d. Abgase v. Turbine
η_T, η_L	Wirkungsgrad Turbine, Lader			

p_L muß größer sein als p_T, damit eine Spülung stattfinden kann. Selbstlaufbedingung ist also $p_L/p_T > 1{,}0$.

p_L/p_{Atm} entspricht etwa dem Aufladegrad. Bei Schiffsmaschinen gibt es außerdem noch Hilfsantriebe, bei denen z.B. mit Druckluft die Turbine „hochgeblasen" wird. Damit ist ersichtlich, daß bei niedrigen Abgastemperaturen und/oder niedrigen Wirkungsgraden der Strömungsmaschinen der Selbstlauf nicht gelingt. Als Abhilfe wird in solchen Fällen ständig ein mechanisch betriebenes Gebläse zugeschaltet, wie in den folgenden Bildern dargestellt.

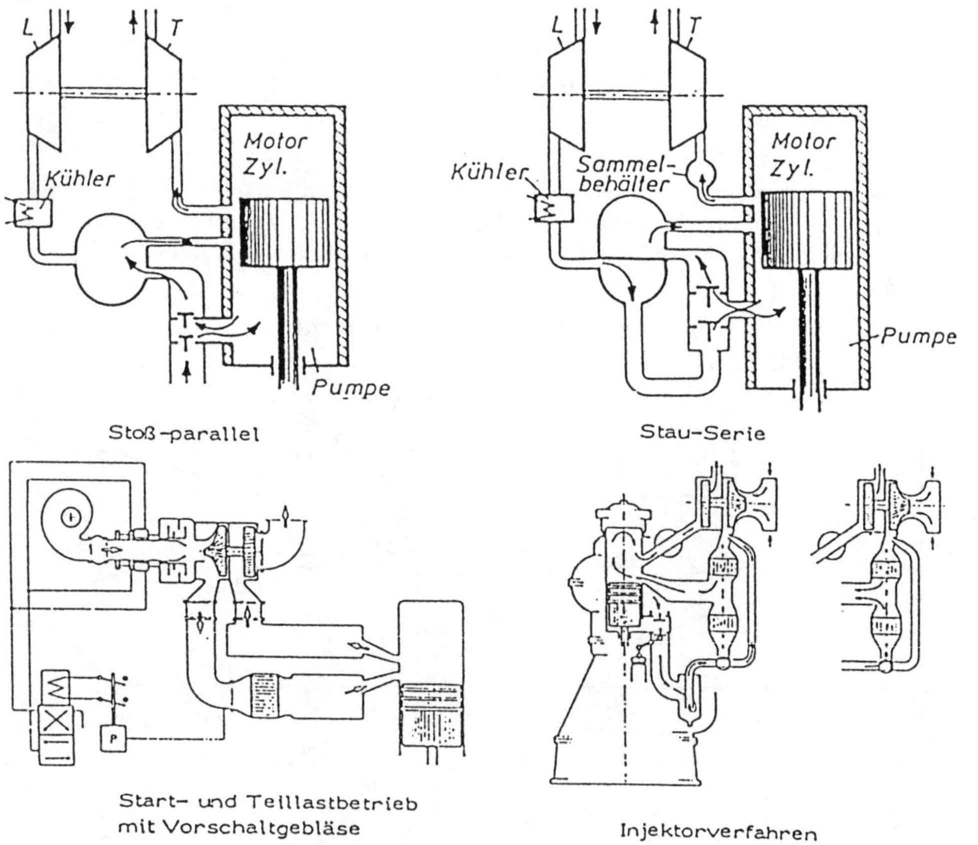

Bild 14.6 Aufladeschaltungen von Schiffsmotoren

15 Kinematik des Kurbeltriebes

Auf den Kurbeltrieb wirken zwei Kraftarten:

1) Gaskräfte — innerlich ausgeglichen, treten nur als Drehmoment nach außen in Erscheinung.
2) Massenkräfte — werden als Schwingungen und Erschütterungen an das Fundament und die Umgebung weitergegeben. Sie sind insbesondere bei Einzylindermaschinen nur schwer ausgleichbar.

Räumlich treten folgende Wirkungen ein:

Bezugsachse	Kräfte	Momente durch
Kurbelwellenachse	-	Gas- u. Massenkraft
Horizontal-Senkr. zur Kw-Achse	Massenkraft	Massenkraft
Vertikal-Senkr. zur Kw-Achse	Massenkraft	Massenkraft

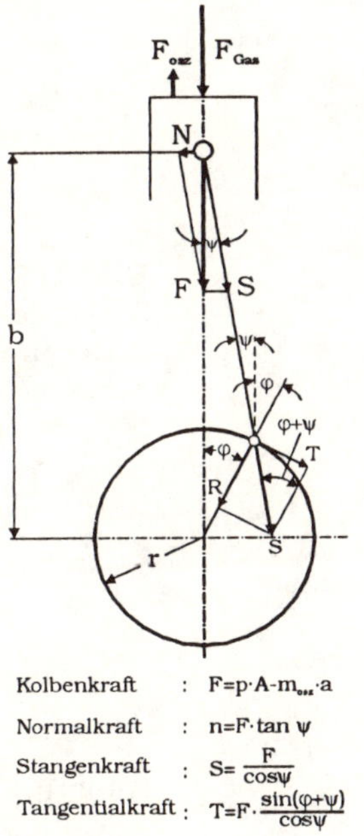

Bild 15.1
Kräfte am Kurbeltrieb

Es gilt die Bedingung $T \cdot r = N \cdot b$
Das sog. Rückdrehmoment $N \cdot b = f(\varphi)$ muß von der Motorbefestigung und vom Fundament aufgenommen werden.

16 Ausgleich der Massenkräfte

Der Ausgleich, mit dem erschütterungsarmer Lauf erreicht werden soll, wird meist am Entstehungsort der Massenkraft vorgenommen. Bei Mehrzylindermaschinen, bei denen sich die Massenkräfte innerlich ausgleichen würden, wird ebenfalls zumindest ein Teilausgleich am Entstehungsort vorgenommen, um das Triebwerk von zusätzlichen Biegekräften und Lagerbelastungen zu entlasten.

16.1 Ausgleich rotierender Massen

Der Ausgleich rotierender Massen erfolgt durch Gegenmassen. Die Massenkräfte sind hier bei unveränderter Drehzahl dem Betrag nach konstant.
Auszugleichende rotierende Massen sind:

Kröpfung der Kurbelwelle,

Pleuellager,

ca. 2/3 der Pleuelstange.

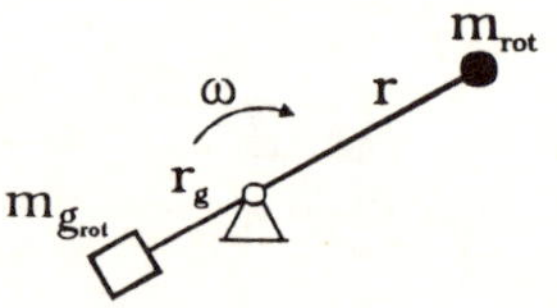

$$m_{g_{rot}} = m_{rot} \cdot \frac{r}{r_g}$$

Bild 16.1 Ausgleich rotierender Massen

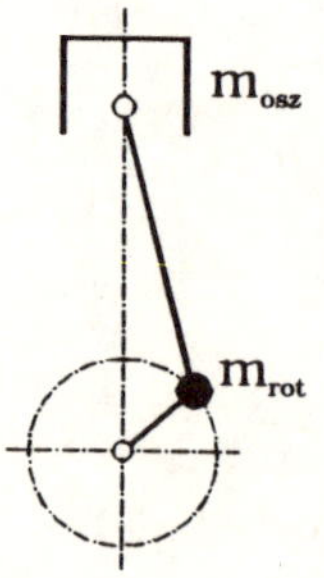

Aufteilung der Pleuelmasse:

$m_{Pl} = x \cdot m_{Pl} + y \cdot m_{Pl}$

Osz. Anteil: $x \approx 1/3$

Rot. Anteil: $x \approx 2/3$

Bild 16.2 Auteilung der Pleuelmassen

16.2 Ausgleich der oszillierenden Massen

16.2.1 Erhaltung des Schwerpunktes

Im Gegensatz zu den rotierenden sind die oszillierenden Massen mit einfachen Mitteln nicht ausgleichbar. Die Massenkräfte sind hier veränderlich. Triebwerksteile und Gehäuse führen im Betrieb nach dem Schwerpunktserhaltungssatz gegenläufige Bewegungen aus. Mit der Befestigung des Motors zu Antriebszwecken wird die Gehäusebewegung verhindert und dadurch Kräfte auf das Fundament übertragen:

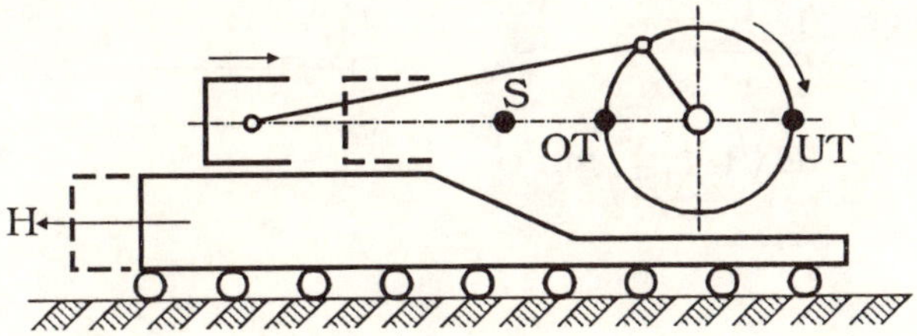

Bild 16.3 Erhaltung des Schwerpunktes

Beschleunigung in Richtung H:

$$a_{ges} = a_{Tr} \cdot \frac{m_{Tr}}{m_{ges}} \tag{16.1}$$

m_{Tr} = Masse der Triebwerksteile

a_{Tr} = Beschleunigung der Triebwerksteile

Von Einfluß auf die Bewegungsverhältnisse am Kurbeltrieb ist das Pleuelstangenverhältnis λ:

$$\lambda = \frac{\text{Kurbelradius r}}{\text{Länge der Pleuelstange L}} \tag{16.2}$$

(Zahlenwert: $\lambda = 0,2 \ldots 0,25$)

16.2.2 Weg, Geschwindigkeit und Beschleunigung des Kolbens

Weg, Geschwindigkeit und Beschleunigung der Triebwerksteile sind abhängig vom Kurbelwinkel φ:

$$x(\varphi) = (y_0+z_0)-(y+z)$$
$$y_0 = L\ ;\ y = \sqrt{L^2-h^2}$$
$$z_0 = r\ ;\ z = r\cdot\cos\varphi$$
$$h = r\cdot\sin\varphi$$

$$\begin{aligned} x(\varphi) &= L + \overbrace{r - r\cdot\cos\varphi}^{z} - \overbrace{\sqrt{L^2-h^2}}^{y} \\ &= L + r - r\cdot\cos\varphi - \sqrt{L^2-r^2\cdot\sin^2\varphi} \\ &= L + r - r\cdot\cos\varphi - L\sqrt{1-\underbrace{\left(\frac{r}{L}\right)^2}_{\widehat{=}\lambda^2}\cdot\sin^2\varphi} \end{aligned}$$

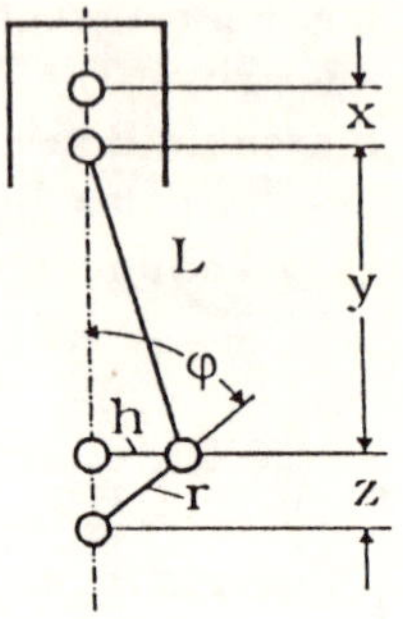

Bild 16.4

Für $\lambda = 0{,}2\ldots 0{,}25$ ist der Wurzelausdruck mit guter Annäherung ersetzbar durch eine Potenzreihe. Dabei bleibt der Fehler $< 1\%$, wenn nach dem zweiten Glied abgebrochen wird.

$$\sqrt{1-a} = 1 - \frac{a}{2} - \underbrace{\frac{a^2}{8} - \ldots}_{\text{vernachlässigbar}} \tag{16.3}$$

Damit erhält man

$$\begin{aligned} x(\varphi) &= r\cdot(1-\cos\varphi) + L - L\cdot(1-\frac{1}{2}\cdot\lambda^2\cdot\sin^2\varphi) \\ &= r\cdot(1-\cos\varphi) + \frac{1}{2}L\cdot\lambda^2\cdot\sin^2\varphi \\ &= r\cdot(1-\cos\varphi) + \frac{1}{2}r\cdot\lambda\cdot\sin^2\varphi \\ &= r\cdot(1-\cos\varphi + \frac{\lambda}{2}\cdot\sin^2\varphi) \end{aligned} \tag{16.4}$$

Setzt man $\varphi = \omega\cdot t$ und differenziert nach der Zeit t, so erhält man die Kolbengeschwindigkeit; nochmalige Differentiation führt auf die Kolbenbeschleunigung:

Weg

$$x(\omega t) = r\cdot(1-\cos\omega t + \frac{1}{2}\cdot\lambda\cdot\sin^2\omega t) \tag{16.5}$$

$$mit\,\sin^2\omega t = \frac{1}{2}\cdot(1-\cos 2\omega t)$$

$$x(\omega t) = r\cdot[1-\cos\omega t + \frac{1}{4}\cdot\lambda\cdot(1-\cos^2\omega t)] \tag{16.6}$$

Geschwindigkeit

$$v = \dot{x} \cdot (\omega t) = r \cdot \omega \cdot (\sin \omega t + \frac{\lambda}{2} \cdot \sin 2 \cdot \omega \cdot t) \tag{16.7}$$

Beschleunigung

$$a = \ddot{x} \cdot (\omega t) = r \cdot \omega^2 \cdot (\cos \omega t + \lambda \cdot \cos 2\omega t) \tag{16.8}$$

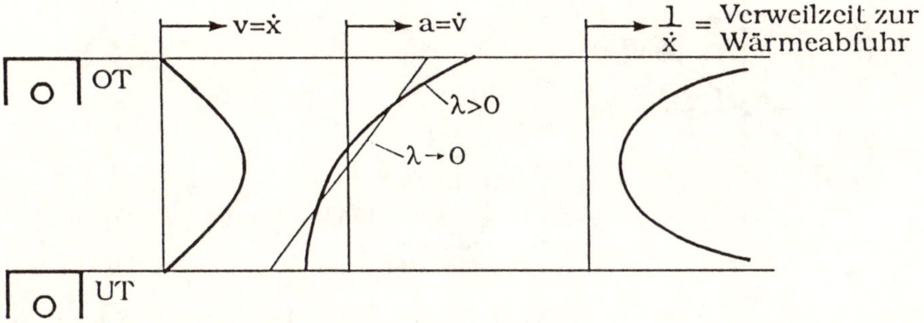

Bild 16.5 Kolbenbeschleunigung und -geschwindigkeit

16.2.3 Massenkräfte der oszillierenden Massen

Damit ergibt sich für die oszilliernde Massenkraft $F = m \cdot a$ ein Anteil mit der Periode ωt als Massenkraft I. Ordnung und ein Anteil mit $2\omega t$ als Massenkraft II. Ordnung:

$$F = m_{osz} \cdot a = m_{osz} \cdot r \cdot \omega^2 \cdot \cos \omega t + \lambda \cdot m_{osz} \cdot r \cdot \omega^2 \cdot \cos 2\omega t$$

Massenkraft I. Ordnung II. Ordnung

$$F = F_I + F_{II}$$

Beide Massenkräfte lassen sich durch umlaufende Vektoren in folgender Weise dastellen:

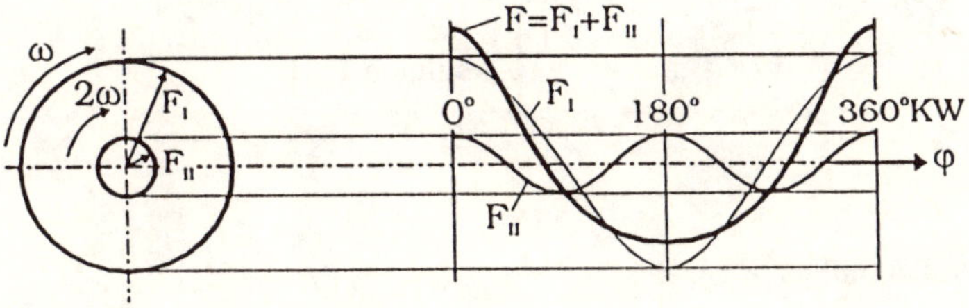

Bild 16.6 Massenkräfte I. und II. Ordnung

Der Maximalwert von F_{II} ist also ungefähr $\frac{1}{4}$-mal so groß wie von F_I.

16.2.4 Einfachster Ausgleich der Massenkraft I. Ordnung F_I

Die einfachste Methode zum teilweisen Ausgleich ist das Anbringen von zusätzlichen Ausgleichsmassen an der Masse für den Ausgleich der rotierenden Massenkräfte. Damit entsteht jedoch eine nichtausgeglichene horizontale Massenkraft F_H. Um diese nicht zu groß werden zu lassen, wird nur $F_I/2$ ausgeglichen. F_{II} bleibt hiermit völlig unausgeglichen. (Siehe auch Anhang e)

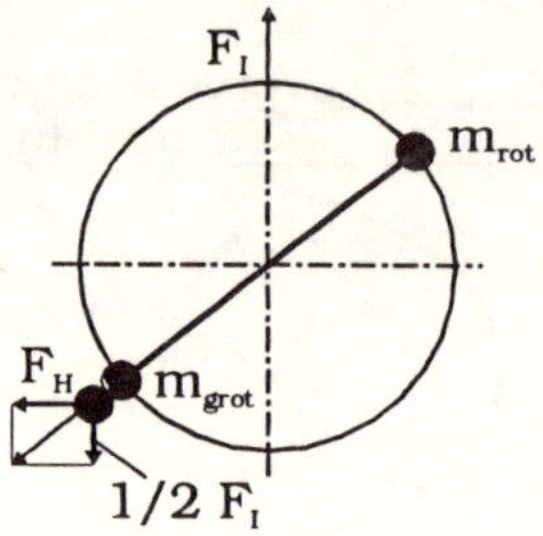

Bild 16.7
Einfachster Ausgleich der Massenkraft I. Ordnung F_I

16.2.5 Vollständiger Ausgleich der Massenkräfte F_I und F_{II}

Durch umlaufende Ausgleichsmassenpaare gemäß Bild 16.8 ist ein vollständiger Massenausgleich möglich. Dabei drehen sich die Ausgleichsmassen für den Ausgleich von F_I mit ω_{KW} und die für den Ausgleich von F_{II} mit $2\omega_{KW}$.
Die folgende Darstellung zeigt einen solchen Ausgleich eines Einzylindermotors.

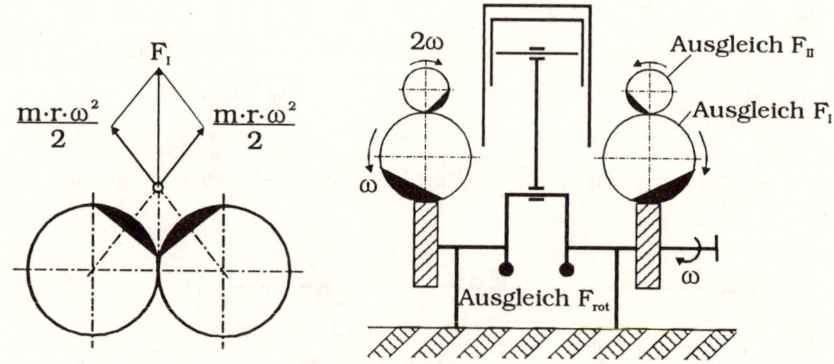

Bild 16.8 Vollständiger Ausgleich der Massenkräfte F_I und F_{II}

16.2.6 Massenkräfte am Pleuelzapfen

Abschließend sei noch gezeigt, welche Massenkräfte z.B. am Pleuelzapfen angreifen: F_{rot}, F_I und F_{II} setzen sich vektoriell zusammen zu F_{res}.

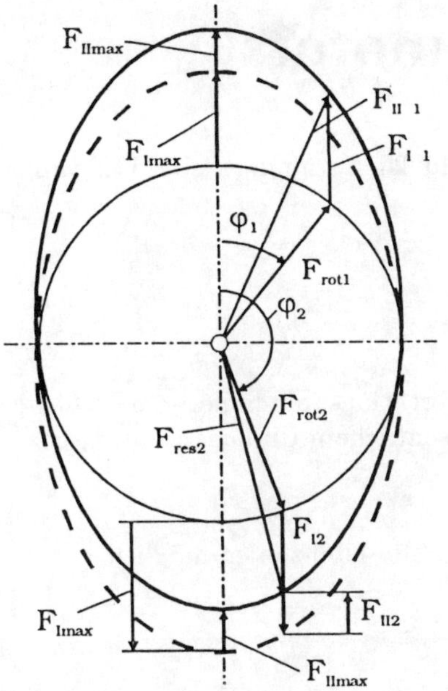

Bild 16.9
Massenkräfte am Pleuelzapfen

Die nach oben gerichteten Kräfte sind größer als die nach unten gerichteten.

17 Kinematik des Rotationskolbenmotors

(Vergleiche dazu Bild 1.4 und 4.4 sowie Bild 20.2 Anhang Seite 112, außerdem Anhang Seite 125).

17.1 Epitrochoide

Aus der Vielzahl der bisher vorgeschlagenen Rotationskolbenmotoren ist bisher nur der Viertakt-Wankel-Kreiskolbenmotor in wesentlichem Umfang zu praxisgerechter Betriebsfähigkeit entwickelt worden:
Seine Hauptvorteile sind:

- einfacher Massenausgleich, daher hohe Drehzahlen möglich
- ventillose Gaswechselsteuerung
- geringes Bauvolumen.

Er besteht aus einem epitrochoidenförmigen Gehäuse, in dem ein dreieckiger Kolben mit rechteckiger Kolbenfläche läuft und 3 „atmende" Arbeitsräume bildet. Dieser Kolben wird durch einen Exzenter und ein feststehendes Zahnrad so geführt, daß seine drei Ecken stets in Berührung mit der Trochoide des Gehäuses stehen (s. Bild 17.3, 17.6 und Anhang S. 125). Die Trochoide für den sog. Kreiskolbenmotor 2:3[1] entsteht folgendermaßen:

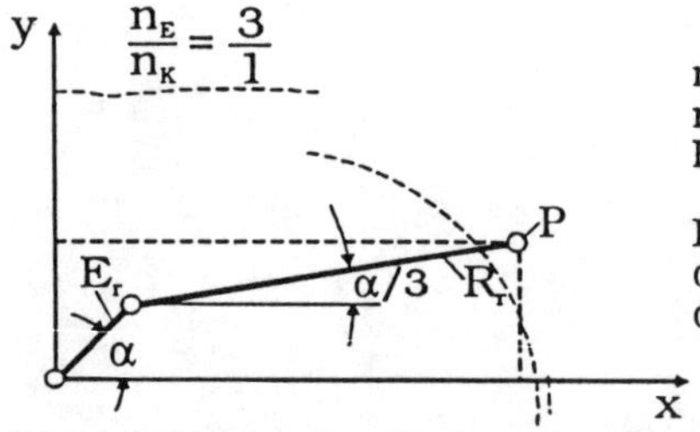

n_E = Exzenterdrehzahl
n_K = Kolbendrehzahl
E_r = Exzenterradius = Bahn des Kolbenmittelpunktes
R_r = erzeugender Radius
α = Exzenterdrehwinkel
α/3 = Kolbendrehwinkel

Koordinaten der Epitrochoide:

$$x = E_r \cdot \cos\alpha + R_r \cdot \cos\alpha/3$$
$$y = E_r \cdot \sin\alpha + R_r \cdot \sin\alpha/3$$

Bild 17.1 Konstruktion der Trochoide

[1]Beim Kreiskolbenmotor drehen sich die Exzenterwelle und der Kolben, das Gehäuse steht. Beim Drehkolbenmotor drehen sich Gehäuse und Kolben, die Exzenterwelle steht. 2:3 bezeichnet das Zähnezahlverhältnis von Gehäuseritzel und Kolbeninnenverzahnung.

Die Epitrochoide ist der geometrische Ort aller Punkte P für alle Winkel zwischen 0 und $3 \cdot 360^o$.

Mit der Trochoide ist auch die Kolbenkontur festgelegt. Sie kann höchstens der inneren Hüllkurve zwischen drei Eckpunkten des Kolbens entsprechen und dazwischen kleiner sein. Folgende Darstellung macht die Exzenter- und Kolbenbewegung deutlich:

Es gibt drei Punkte des Kolbens, die die vom Ende des erzeugenden Radius gebildete Bahn durchlaufen, da nach drei Umdrehungen des Exzenters der Kolben sich einmal gedreht hat.

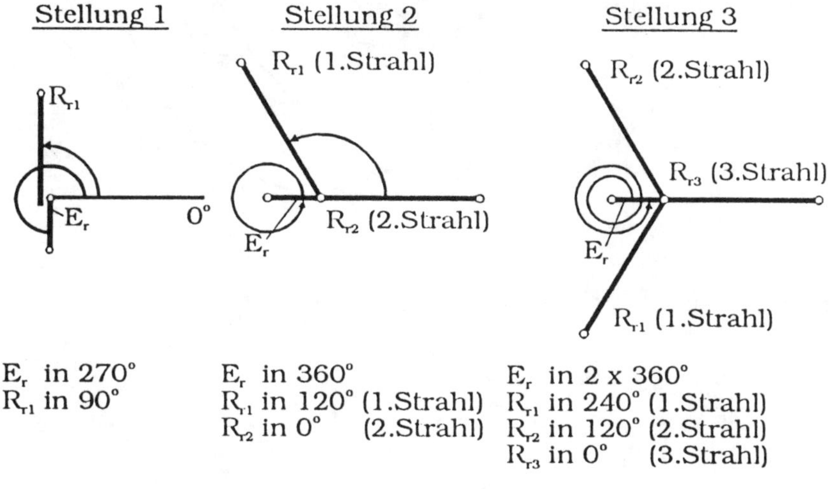

Bild 17.2 Exzenter- und Kolbenbewegung

$2(R_r - E_r)$ = kurze Achse

$2(R_r + E_r)$ = lange Achse der Trochoide

17.2 Hubvolumen des Kreiskolbenmotors

Ein vollständiges Arbeitsspiel erfolgt während <u>einer</u> Kolbenumdrehung($= 360^o$ Kolbendrehwinkel).
Dabei dreht sich der Exzenter <u>dreimal</u> ($= 1080^o$), wobei eine Kammer die vier Takte:

Ansaugen, Verdichten, Expandieren und Ausschieben

durchführt.

Der Arbeitsweg für einen Takt – vom kleinsten bis zum größten Kammervolumen oder umgekehrt – erstreckt sich also über $360^o/4 = 90^o$ Kolbenwinkel bzw. $1080^o/4 = 270^o$ Exzenterwinkel.

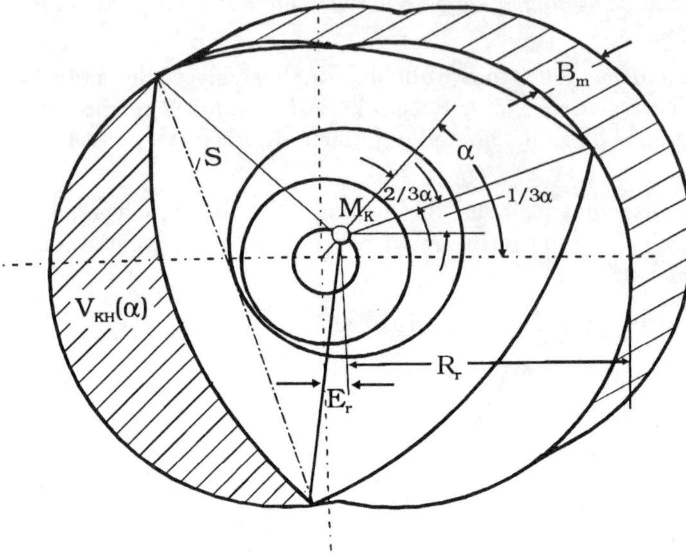

Bild 17.3 Hubvolumen des Kreiskolbenmotors

Das Hubvolumen für eine Kammer ist:

$$V_{KH} = A_K \cdot s \tag{17.1}$$

A_K = projizierte Kolbenfläche (Sehne S x Breite)

s = Arbeitsweg, den der Kolbenmittelpunkt senkrecht zu A_K vom kleinsten zum größten Volumen zurücklegt

B_m = Breite des Raumes bzw. Kolbens

$$A_K = 2 \cdot R_r \cdot \sin 60^o \cdot B_m = \sqrt{3} \cdot B_m \cdot R_r \tag{17.2}$$

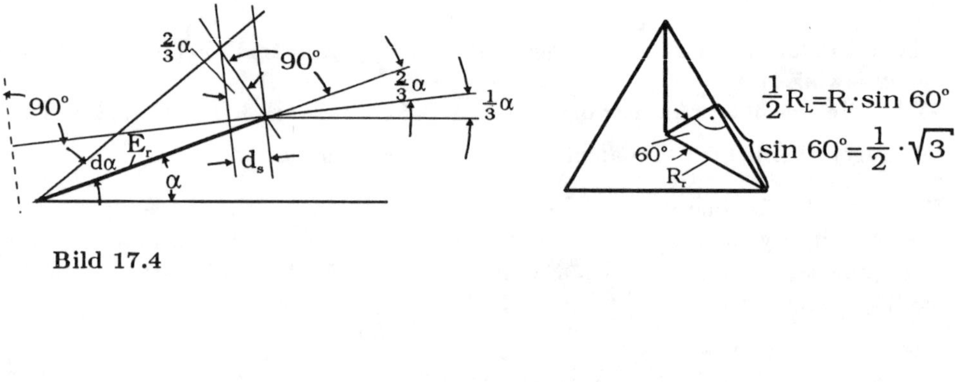

Bild 17.4

$$ds = E_r \cdot d\alpha \cdot \sin 2/3\alpha \tag{17.3}$$

$$s = E_r \cdot \int_0^\alpha \sin 2/3\alpha d\alpha \tag{17.4}$$

$$= \frac{3}{2} \cdot E_r \cdot (1 - \cos 2/3\alpha) \tag{17.5}$$

Setzt man $1 - \cos\alpha = 2 \cdot \sin^2 \alpha/2$, dann ist $1 - \cos 2/3\alpha = 2 \cdot \sin^2 \alpha/3$.

Damit wird das Hubvolumen:

$$V_{KH} = 3 \cdot \sqrt{3} \cdot B_m \cdot R_r \cdot E_r \cdot \sin^2 \alpha/3. \tag{17.6}$$

Mit $\alpha = 270^o$ oder $\alpha/3 = 90^o$ folgt

$$\boxed{V_{KH} = 3 \cdot \sqrt{3} \cdot B_m \cdot R_r \cdot E_r} \tag{17.7}$$

Das gesamte arbeitende Hubvolumen des Kreiskolbenmotors 2:3 beträgt damit

$$V_H = 3 \cdot V_{KH} = 9 \cdot \sqrt{3} \cdot B_m \cdot R_r \cdot E_r \tag{17.8}$$

Jede Kammer braucht für ein Arbeitsspiel $\alpha = 1080^o$ Exzenterwinkel (EW). Es arbeiten jedoch drei Kammern derart, daß alle 360° ein Arbeitshub erfolgt, d.h. während der 1080° EW haben alle drei Kammern ein Arbeitsspiel vollzogen. Dies entspräche einem Dreizylinder-Zweitaktmotor. Der KKM arbeitet jedoch im Viertakt-Verfahren und muß mit einem Viertaktmotor verglichen werden.

Die Vergleichsdrehzahl ist $n_v = 2/3 \cdot n_E$.

17.3 Verdichtungsverhältnis des KKM 2:3

Bei der Berechnung des wirklichen Verdichtungsverhältnisses müssen Korrekturen an Trochoide und Kolben berücksichtigt werden:

1. *Korrektur der Trochoide*

Die Korrektur muß vorgenommen werden, damit die Wärmedehnung des Kolbens nicht zum Klemmen im Gehäuse führt. Dazu wird die Idealform der Epitrochoide um den äquidistanten Abstand $a \leq 0,03 R_r$ erweitert. Die so entstehende Mantelfläche vermeidet eine Vertikalbewegung der Dichtleisten in den Kolbeneckenkanten. Dies ist angesichts der hohen mittleren Dichtleistengeschwindigkeit $v_D = 15 \ldots 30$ m/s von besonderer Bedeutung.
Das wirkliche Kammervolumen ist also:

$$V_{KH} = 3 \cdot \sqrt{3} \cdot B_m \cdot E_r \cdot (R_r + a) \tag{17.9}$$

2. *Korrektur des Kolbens*

Im Zündtotpunkt des KKM schließen Kolben und Gehäuse zwei Kompressionsraumteile ein. Im Verlauf der Verbrennung würden sich sehr hohe Strömungsgeschwindigkeiten ergeben, die zur Beschädigung der Brennraumwand, insbesondere der Trochoide, führen könnten. Zur Verringerung dieser Geschwindigkeit wird in die Kolbenfläche eine Mulde eingearbeitet, deren Volumen V_B wie folgt bestimmt wird:[2]

$$V_B = (0,5 \ldots 1,0) \cdot V_{K'} \tag{17.10}$$

Das tatsächliche Kompressionsvolumen wäre dann:

$$\begin{aligned} V_K &= V_{K'} + V_B = (1,5 \ldots 2,0) \cdot V_{K'} \\ V_{K'} &= \frac{1}{3} \cdot (V_T - V_K - \frac{3}{2} \cdot V_{KH}) \end{aligned} \tag{17.11}$$

Trochoidenvolumen: (ohne Ableitung)[16]

$$V_T = \pi \cdot B_m \cdot \left[3 \cdot E_r^2 + (R_r + a)^2\right] \tag{17.12}$$

Tatsächliches Hubvolumen:

$$V_H = 9 \cdot \sqrt{3} \cdot B_m \cdot E_r \cdot (R_r + a) \tag{17.13}$$

Kolbenvolumen: (ohne Ableitung)[16]

$$\begin{aligned} V_K &= B_m \cdot \left[\pi \cdot (R_r^2 + 2 \cdot E_r^2) - 6 \cdot E_r \cdot R_r \cdot \sqrt{1 - \left(\frac{3 \cdot E_r}{R_r}\right)^2} \right. \\ &\left. \qquad - \arcsin \frac{3 \cdot E_r}{R_r} \cdot \left(\frac{2}{3} \cdot R_r^2 + 12 \cdot E_r^2\right)\right] \end{aligned} \tag{17.14}$$

Mit diesen korrigierten Werten erhält man das tatsächliche Verdichtungsverhältnis:

$$\varepsilon = \frac{V_{KH} + V_K}{V_K} \tag{17.15}$$

[2] Diese Mulde wird mit Rücksicht auf die Verdrängungswirkung beim Überströmen von einem Muldenteil in den anderen meist in Drehrichtung etwas versetzt.

17.4 Die Geschwindigkeit der Dichtleisten

Die Dichtleistengeschwindigkeit ist eine Kennzahl für den Verschleiß. Sie ist vergleichbar mit der mittleren Kolbengeschwindigkeit bei Hubkolbenmaschinen.

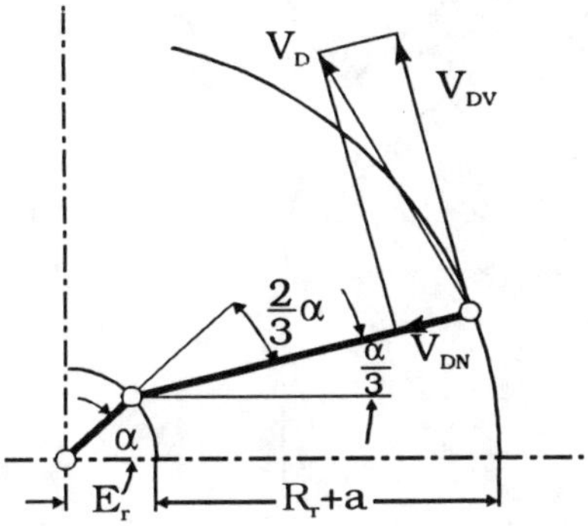

Bild 17.5
Dichtleistengeschwindigkeit

Die Geschwindigkeit der Dichtleisten setzt sich zusammen aus der des Kolbens und der des Exzenters. Sie ist stets tangential zur Trochoidenkontur gerichtet.
Im Gegensatz zum Hubkolbenmotor, bei dem in den Totpunkten die Bewegung des Kolbens Null ist, tritt beim Kreiskolbenmotor eine maximale und eine minimale Geschwindigkeit der Kolbeneckkanten und damit der Dichtleisten auf.

$$V_{D_{max}} = \omega_E \cdot \left[\frac{1}{3} \cdot (R_r + a) + E_r\right] \quad (17.16)$$

$$V_{D_{min}} = \omega_E \cdot \left[\frac{1}{3} \cdot (R_r + a) - E_r\right] \quad (17.17)$$

Als Konstruktionsgröße wird wie beim Hubkolbenmotor mit der mittleren Kolbengeschwindigkeit c_m eine mittlere Dichtleistengeschwindigkeit definiert:

$$V_m = \frac{V_{D_{max}} + V_{D_{min}}}{2} \quad (17.18)$$

$$= \frac{\omega_E}{3} \cdot (R_r + a) = \omega_K \cdot (R_r + a) \quad (17.19)$$

Sie liegt bei bisher ausgeführten Motoren in einem Bereich von

$V_m = 14,7 \ldots 32,5 m/s$

17.5 Drehzahlen von Exzenter und Kolben, Schwenkwinkel

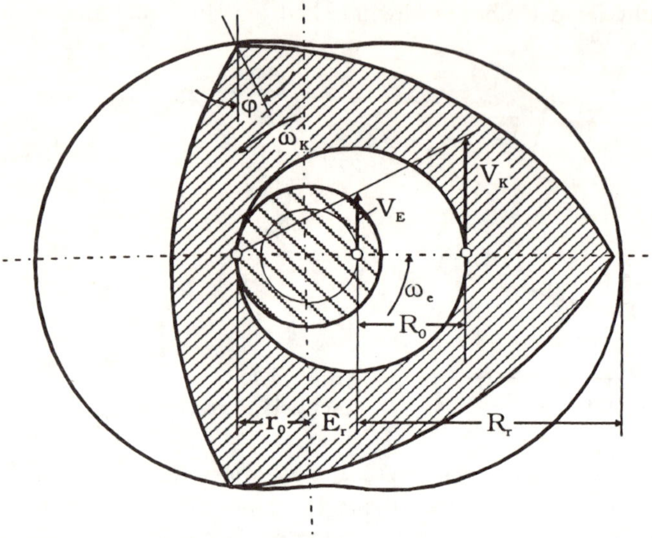

Bild 17.6 Maße des Kreiskolbenmotors

r_0	=	Teilkreisradius des außenverzahnten Stirnrades (fest)
R_0	=	Teilkreisradius des innenverzahnten Stirnrades (mit Kolben verb.)
E_r	=	Exzenterradius = Bahn des Kolbenmittelpunktes
R_r	=	erzeugender Radius
B_m	=	Kammerbreite (senkrecht zur Zeichenebene)
φ	=	Schwenkwinkel (zwischen erzeugende, Radius und Bahnnormalen)
v_E	=	Umfangsgeschwindigkeit des Exzentermittelpunktes
v_K	=	Umfangsgeschwindigkeit des Kolbens (an der Verzahnung)

Ermittlung der Drehzahlen von Exzenter und Kolben
Übersetzungsverhältnis 2:3 $\rightarrow R_0/r_0 = 3/2$

$$R_0 = r_0 + E_r \tag{17.20}$$
$$E_r = R_0 - 2/3 \cdot R_0 = 1/3 \cdot R_0 \tag{17.21}$$
$$v_E = \omega_E \cdot E_r = 1/2 \cdot v_K = 1/3 \cdot \omega_E \cdot R_0 = \omega_K \cdot R_0 \tag{17.22}$$
$$(\text{mit } v_K = 2 \cdot \omega_K \cdot R_0 \text{ und } \omega_E \cdot E_r = \omega_K \cdot R_0) \tag{17.23}$$
$$\boxed{\omega_E : \omega_K = n_E : n_K = 3 : 1} \tag{17.24}$$

Der Teilkreisdurchmesser der Innenverzahnung im Kolben verhält sich zum Teilkreisdurchmesser des mit der Gehäusestirnwand fest verbundenen Ritzels wie 3:2.

17.6 Kennzahlen, die die Maschinenabmessungen bestimmen

1. Maximaler Dichtleistenschwenkwinkel φ_{max},
2. K-Faktor : $K = R_r/E_r$

Der maximale Schwenkwinkel wird zwischen der Dichtleiste und der Normalen auf der Trochoide gemessen (vergl. Bild 17.6).
Der K-Faktor ist das Verhältnis von erzeugendem Radius zur Exzentrität.
Zwischen dem Schwenkwinkel und dem K-Faktor besteht folgende Beziehung:

$$\sin\varphi_{max} = 3 \cdot \frac{E_r}{R_r} = \frac{3}{K} \qquad (17.25)$$

Die beiden Kennzahlen haben folgende Einflüsse:

Kleiner K-Faktor → großer Schwenkwinkel[3]:

1) Geringe Maschinenabmessungen
2) Geringe Lagerbelastung
3) Kurze Flammenwege im Brennraum
4) Günstiges Oberflächen-Volumen-Verhältnis
5) Große Lagerdurchmesser

Großer K-Faktor → kleiner Schwenkwinkel:

1) Großes Volumen im Läufer für Kühlräume
2) Große Kolbenseiten für Gas- und Öldichtungen
3) Hohes ideelles Verdichtungsverhältnis, daher freiere Wahl von Muldenform und -größe im Kolben.
4) Hoher Feuersteg zum Schutz der seitlichen Dichtstreifen.
5) Geringer Durchmesser des Öldichtringes am Kolben, daher geringe Gleitgeschwindigkeit.
6) Bessere Anschmiegung von Trochoide und Kolbenkontur im oberen Totpunkt, geringerer Einfluß der Steuerzeitüberschneidung.

17.7 Trochoidenform, Baugröße und Verdichtungsverhältnis

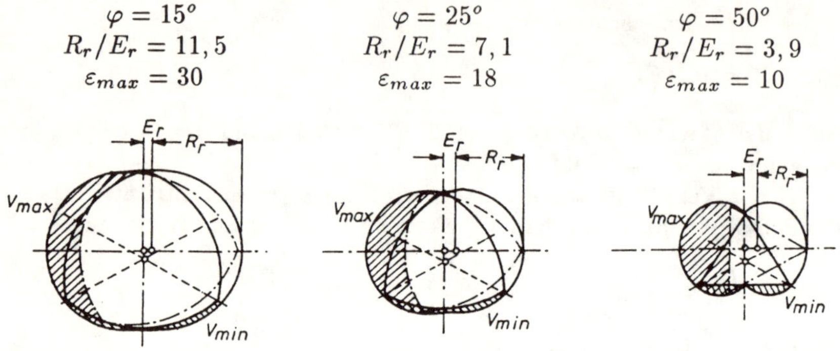

Bild 17.7 Trochoidenform, Baugröße und Verdichtungsverhältnis

Übersetzungsverhältnis = 2:3 = const., V_{KH} = const.

Man erkennt also, daß bei gleichem Hubvolumen der Motor mit höherem Verdichtungsverhältnis ein größeres Bauvolumen beansprucht.
Dieser Zusammenhang sei an einem Beispiel erläutert:

17.8 Kinematische Probleme des Wankel-Dieselmotors

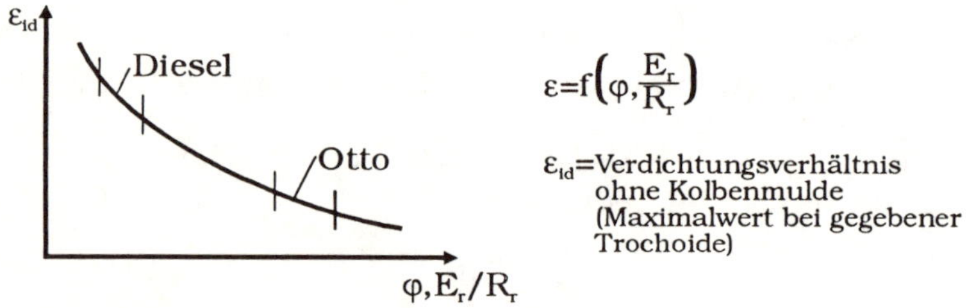

Bild 17.8 Verdichtungsverhältnis =f $(\varphi, \frac{E_r}{R_r})$

Beispiel:

Hubvolumen = const., Index „D“= Diesel
Index „O“= Otto

$$3 \cdot \sqrt{3} \cdot E_{rD} \cdot R_{rD} \cdot B_m = 3 \cdot \sqrt{3} \cdot E_{rO} \cdot R_{rO} \cdot B_m \tag{17.26}$$

Dieselmotor		Ottomotor
$\frac{R_{rD}}{E_{rD}} = 10$		$\frac{R_{rO}}{E_{rO}} = 5$
φ hoch		φ niedrig
$\frac{R_{rD}^2}{10}$	$=$	$\frac{R_{rO}^2}{5}$
$\frac{R_{rD}}{R_{rO}}$	$=$	$\sqrt{2}$

Bei gleicher Breite ist der Dieselmotor also rund 40 % länger. Zusätzlich sind die größeren Wandstärken des Dieselmotors bei höherem Spitzendruck zu berücksichtigen.
Ein weiteres Problem ergibt sich hinsichtlich des möglichen Exzenterwellendurchmessers.
Aus Bild 17.9 ist die Forderung Wellendurchmesser $d_w < d$ ersichtlich.

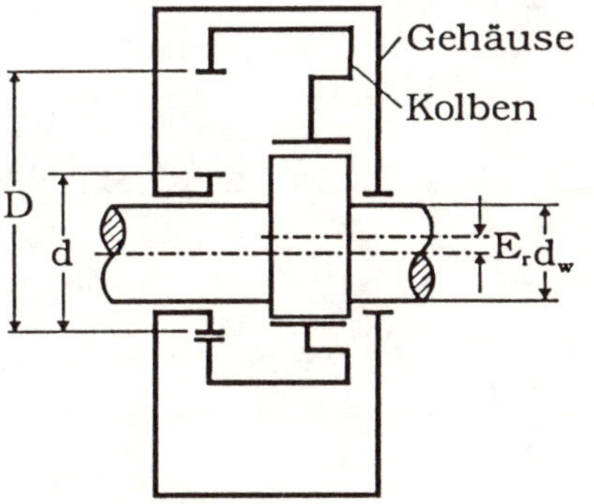

$R_0 = 3\,E_r$

$d = 2\,r_0 = 2(R_0 - E_r) = 2(3E_r - E_r)$

$d = 4\,E_r$

Ritzeldurchmesser $d = 4\,E_r$,

damit $D = 6\,E_r$

Bild 17.9

Das bedeutet jedoch, daß bei einem Dieselmotor, bei dem gerade große Kräfte auftreten, der Wellendurchmesser d_w klein sein muß, denn E_r ist bei hohem Verdichtungsverhältnis ε_{id} klein, damit also auch d.
Man versucht, dieses Problem durch Verlassen der Verzahnung oder durch einen zweistufigen Kreiskolben-Dieselmotor zu umgehen. Bei letzterem ist das geometrische Verdichtungsverhältnis der Verbrennungsstufe geringer, wie es auch bei aufgeladenen Hubkolbenmotoren der Fall ist.

17.9 Gegenüberstellung der Kennwerte von Hubkolbenmotor und Kreiskolbenmotor 2:3

	Hubkolbenmotor		Kreiskolbenmotor 2:3
Kennwert	Zweitakt	Viertakt	Viertakt
Arbeitsvolumen(veränd.)	V		V
Bohrung, Hub u.a.	D,s, s/D		R_r, E_r, B_m
Hubvolumen	$V_h = \frac{\pi \cdot D^2}{4}$		$V_{KH} = 3 \cdot \sqrt{3} \cdot R_r \cdot B_m \cdot E_r$ Kammervolumen
Gesamthubvolumen	$V_H = z \cdot V_h$ z = Zylinderzahl		$V_H = 3 \cdot V_{KH}$ (Einscheibenmotor)
Verdicht. Raum	V_k		V_k
Verdichtungsverhältnis	$\varepsilon = \frac{V_h + V_k}{V_k}$		$\varepsilon = \frac{V_h + V_k}{V_k}$
Abtriebsdrehzahl	n (Kurbelwelle)		n_E (Exzenterwelle)
Mittl. Kolbengeschwindigk.	$c_m = 2 \cdot s \cdot n$		mittl. Dichtleistengeschwindigkeit v_m
Mitteldruck	$\frac{p}{V_H \cdot n}$	$\frac{2 \cdot p}{V_H \cdot n}$	$\frac{3 \cdot p}{V_H \cdot n_E} = \frac{p}{V_{KH} \cdot n_E}$
Drehmoment	$M = \frac{p_e \cdot V_H}{2 \cdot \pi}$	$M = \frac{p_e \cdot V_H}{4 \cdot \pi}$	$M = \frac{p_e \cdot V_H}{6 \cdot \pi} = M = \frac{p_e \cdot V_{KH}}{2 \cdot \pi}$
Wellenumdr./ Spiel	a=1	a=2	a=3

Mit a gilt also in jedem Fall:

$$\boxed{p = \frac{a \cdot p}{V_H \cdot n}} \tag{17.27}$$

$$\boxed{M = \frac{p_e \cdot V_H}{2 \cdot \pi \cdot a}} \tag{17.28}$$

18 Gemischbildungsverfahren

18.1 Übersicht über Verfahren und Einrichtungen

Äußere Gemischbildung durch

Mischeinrichtung für Gasmotoren
Vergaser („Zerstäuber“ für flüssigen Kraftstoff)
Saugrohreinspritzung

Innere Gemischbildung durch

Hochdruck-Einspritzung des Kraftstoffes
a) direkt in den Brennraum
b) indirekt in einen besonderen Teil des Brennraums
(Vorkammer, Wirbelkammer, usw.)

18.2 Äußere Gemischbildung

18.2.1 Mischeinrichtungen für Gasmotoren

Bei Otto- und Dieselmotoren werden Brenngas und Luft entweder in einem Mischer gemeinsam für alle Zylinder gemischt und das Gemisch dem Zylinder zugeleitet – vornehmlich für kleinere Motoren[1] – oder es erfolgt die Mischung im Einlaßkanal oder sogar erst im Zylinder (dann „innere Gemischbildung“) individuell für jeden Zylinder. Letzteres gilt vornehmlich für größere Motoren und/oder bei höherer Aufladung. (Zeitliche Reihenfolge der Zufuhr: Luft-Gas-Luft wegen Explosionsgefahr und Spülverlustgefahr bei Ventilüberschneidung.)

Für die Leistungsregelung verwendet man:

- Drosselregelung
- Gemischregelung
- Kombination beider Arten.

[1] D <200 mm, 40...60 kW/Zyl.

Als Beispiel seien hier die beiden Arten für einen Viertakt-Saugmotor erläutert:

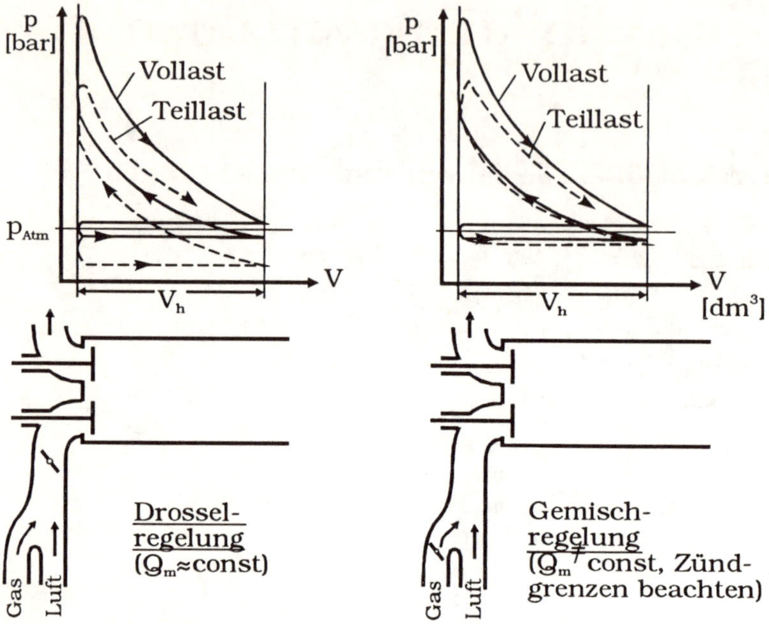

Bild 18.1 Drossel- und Gemischregelung

Die Gemischregelung ergibt hier etwas günstigere Teillastwirkungsgrade als die Drosselregelung, weil mit der Änderung des indizierten Mitteldruckes p_i der Ansaugdruck und die Gaswechselarbeit sich nur wenig ändern.

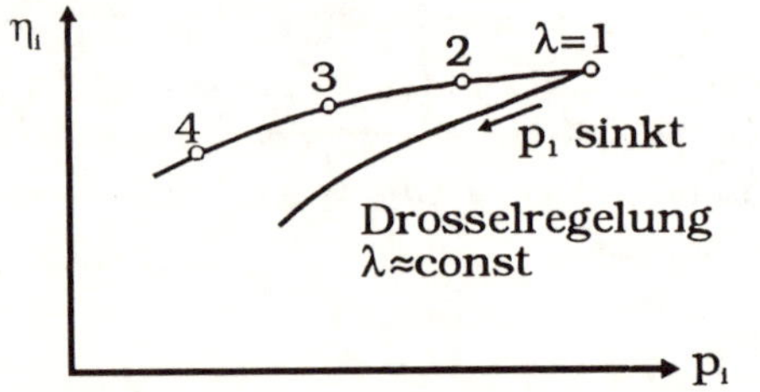

Bild 18.2
p_i und η_i bei Gemisch- und Drosselregelung

Die gemeinsamen Mischer sind ähnlich wie Vergaser aufgebaut: Gas wird vom Luftstrom mit automatischer Dosierung mitgerissen und vermischt. Bei Individualzumischung wird das Gas z.B. gegen den Einlaßluftstrom über ein besonderes, syncron mit dem Lufteinlaßventil betätigtes Gasventil mit Überdruck eingeblasen.

18.2.2 Vergaser

Der Vergaser hat die Aufgabe, den Kraftstoff der Verbrennungsluft in einem bestimmten Verhältnis mit möglichst großer Oberfläche, d.h. in Form von möglichst feinen Tropfen oder Dampf, beizumischen. Mit Rücksicht auf den Motorbetrieb sind also zu fordern:

- Feine Zerstäubung
- „Richtiges" Luftverhältnis für jede Last und Drehzahl (vergl. Bild 9.4) zur richtigen Zeit
- „Richtige" Gemischmenge für jede Last und Drehzahl

Für einen Fahrzeugmotor wird eine Einstellung gemäß Bild 18.3 angestrebt:

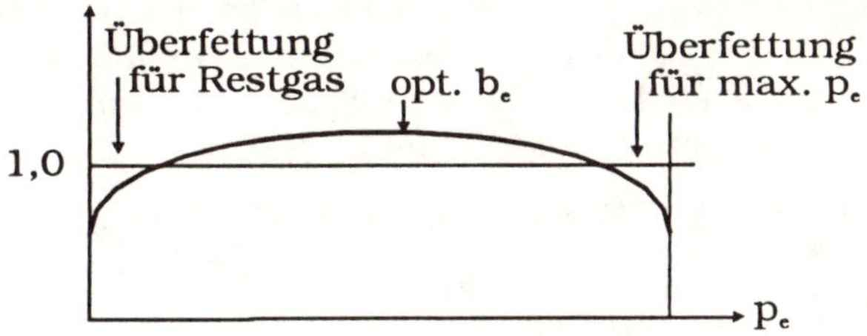

Bild 18.3 Luftverhältnis bei unterschiedlicher Last

Die Zuteilung der Kraftstoffmenge erfolgt dabei durch Messen der Motorluftmenge mit Hilfe einer Venturidüse, bei welcher die mengenabhängige Druckabsenkung erfaßt wird.

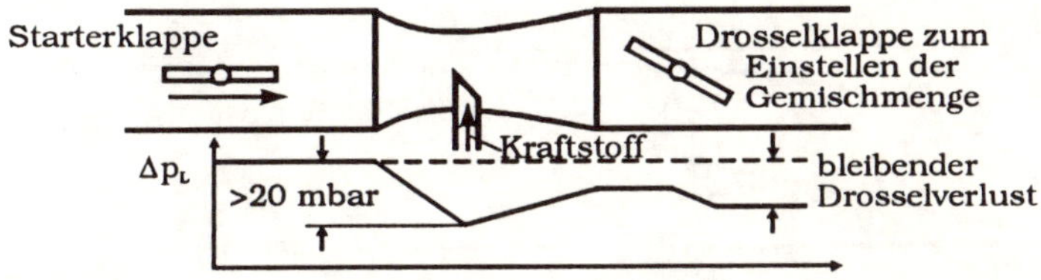

Bild 18.4 Venturidüse

An der engsten Stelle der Venturidüse herrscht ein Druckminimum bei maximaler Strömungsgeschwindigkeit der Luft. Die Druckdifferenz zum Atmosphärendruck wird zur Kraftstofförderung ausgenutzt. Diese Differenz und damit die Kraftstoffmenge können z.B. beim Start durch äußeren Eingriff erhöht werden. (Vergrößerung des Unterdruckes durch Schließen der Starterklappe.)

Die Güte der Zerstäubung im Vergaser und damit auch der Wirkungsgrad des Motors hängt u.a. von der Strömungsgeschwindigkeit v_L der Verbrennungsluft im engsten Querschnitt ab:

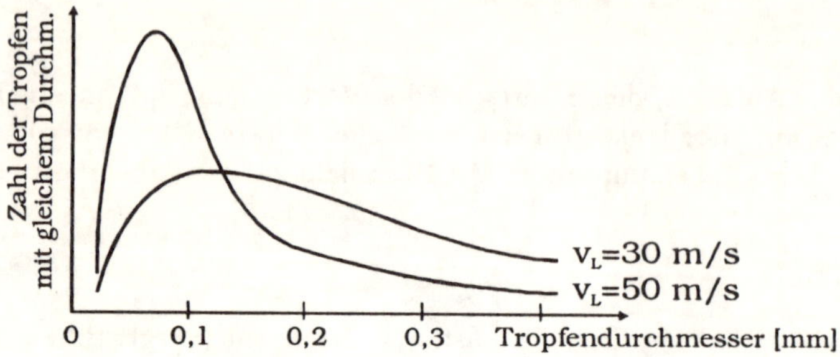

Bild 18.5 Tropfendurchmesser des Kraftstoffs bei unterschiedlichen v_L

Die Strömungsgeschwindigkeit und die Durchwirbelung können jedoch nicht beliebig gesteigert werden, weil mit ihnen auch der Drosselverlust zunimmt. Bei Sportmotoren verwendet man unter Verzicht auf niedrigen spez. Kraftstoffverbrauch niedrigere Luftgeschwindigkeiten, um geringere Drosselverluste bei hoher Leistung zu erzielen. Die meisten Probleme wirft das Luftverhältnis λ auf:

Mit Δp_L als Drucksenkung im „Lufttrichter" (engster Querschnitt) gelten folgende Proportionalitäten:

angesaugte Luftmenge $\dot{m}_L \sim \sqrt{\Delta p_L}$

angesaugte Kraftstoffmenge $\dot{m}_B \sim \Delta p_L$ (Kraftstoffdüse)

daraus: $\lambda \sim \Delta p_L^{-1/2}$

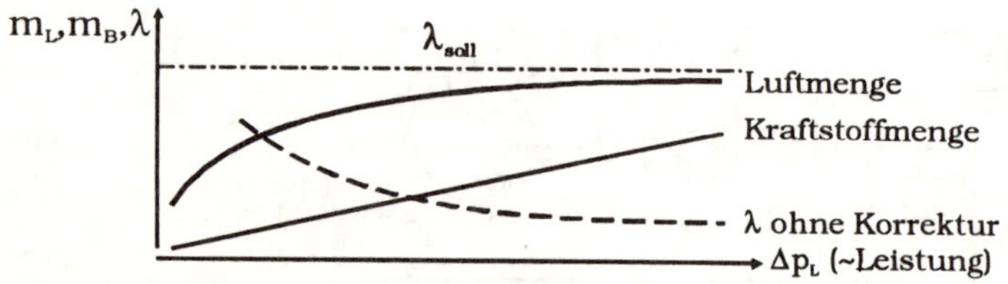

Bild 18.6 Luft- und Kraftstoffmenge

Daraus geht hervor, daß mit zunehmender Luftmenge viel mehr Kraftstoff angesaugt wird als der Motor jeweils braucht. Zur Vermeidung von unerwünscht „überfettem" Gemisch werden Korrektur-Einrichtungen verwendet.

Diese sind z.B.: Zusatz-Luft- und Kraftstoffdüsen, bei denen mit zunehmendem Luftdurchsatz ein zunehmender Teil des Kraftstoffes verschäumt, d.h. mit Luft vermischt wird. Weiter sind Bremsdüsen, Staudruckdüsen und Nadeldüsen bekannt.

Die Funktion der Korrektureinrichtung sei mit Hilfe von Bild 18.7 erläutert:

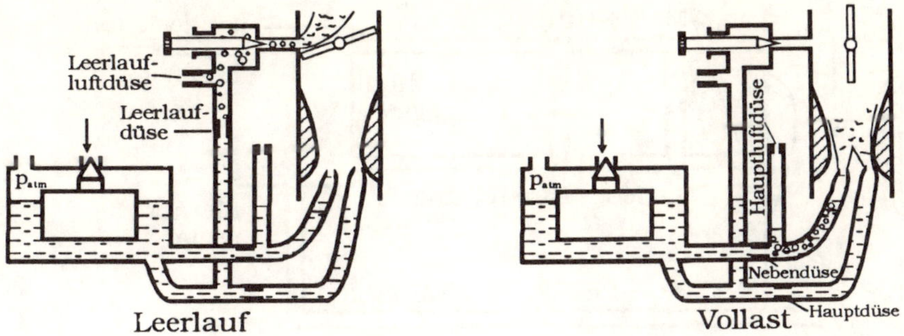

Bild 18.7 Korrektureinrichtung

Mit zunehmendem Druckabfall an der engsten Stelle des Luftkanals sinkt der Kraftstoffspiegel unter der Düse so weit ab, daß sich Luft mit dem zur Spritzdüse strömenden Kraftstoff mischt.

Bei Leerlauf sind Luftgeschwindigkeit und Δp_L zu klein, um Kraftstoff aus den Spritzdüsen zu saugen. Daher ist eine Leerlaufeinrichtung nötig. Ein Beispiel wird ebenfalls in Bild 18.7 gezeigt. Der Kraftstoff tritt dabei, extra dosiert, an der Drosselstelle aus.

Die notwendige Überfettung für den Start wird z.B., wie auf Seite 99 schon erörtert, durch Schließen einer Starterklappe bewirkt (siehe Bild Anhang Seite 126).

Außerdem können die Kraftstoffmenge, die sich bei Teillast im Einlaßrohrsystem an den Wänden angelagert hat und die natürliche Erhöhung des Kraftstoffdurchsatzes durch Schrägstellen des Kraftstoffspiegels im Schwimmergehäuse beim Beschleunigen des Fahrzeuges ausgenutzt werden.

Als Sonderbauarten der Vergaser sind Schiebervergaser für Motorradmotoren zu erwähnen. Bei diesen wird mit der Schieberstellung für die Luftmengenregelung auch eine konische Nadel im Kraftstoffdüsenquerschnitt betätigt. Weiter gehören zu dieser Gruppe Registervergaser für anspruchsvolle Motoren größerer Leistung sowie schwimmerlose Vergaser. Bild 18.8 zeigt als Beispiel einen Flugmotorenvergaser .

18.2.3 Saugrohreinspritzung

Die Saugrohreinspritzung gehört ebenfalls zu den äußeren Gemischbildungsverfahren. Der Einspritzdruck beträgt 2 - 15 bar. Es wird in das Saugrohr vor die Einlaßventile gespritzt. Man unterscheidet Sammeleinspritzung (z.B. zwei Zylinder an einer Ansaugleitung) oder Einzeleinspritzung, wobei letztere die exaktere Methode ist. Vorteile des Verfahrens sind:

Der Kraftstoff kann anders als beim Vergaserbetrieb sehr genau den einzelnen Zylindern zugemessen werden, wobei häufig elektronische Steuer- und Rechnereinrichtungen eingesetzt werden. Daraus ergeben sich weitere Vorteile, wie bessere Vollast- und Teillastwirkungsgrade, gleichmäßigerer Leerlauf, bessere Startanpassung und

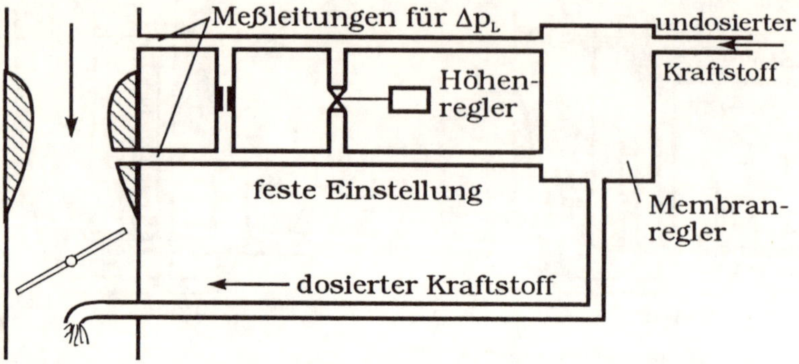

Bild 18.8 Schwimmerloser Flugmotorenvergaser (Do 27)

leichtere λ-Anpassung (λ-Sonde) mit Rücksicht auf die Abgasbeschaffenheit (siehe Anhang XVI). Außerdem steigt der Liefergrad und damit die Leistung, weil die Drosselverluste im Vergaser weitgehend entfallen. Diesen Vorteilen steht der relativ hohe Preis der Einspritzanlage gegenüber. Moderne Sauganlagen (Resonanz- oder Schwingrohrsysteme) sind nur als Einzeleinspritzung möglich.

18.3 Innere Gemischbildung

Innere Gemischbildung liegt vor, wenn reine Luft angesaugt wird und die Kraftstoffzufuhr direkt in den Brennraum erfolgt. Sie wird bei Otto- und Dieselmotoren angewendet.[2]
Hier muß zunächst etwas über das Verhalten von Kraftstofftropfen bei der Einspritzung ausgeführt werden: Tropfengröße, Geschwindigkeit, Luftdichte und Luftbewegung müssen so aufeinander abgestimmt werden, daß die Tropfen bestimmte, festgelegte Wege im Brennraum zurücklegen können, ehe sie verdampft sind. Andererseits wird bei vielen Gemischbildungsverfahren auch gefordert, daß sie sich nicht an der Wand niederschlagen.
Es ergibt sich folgender Ansatz zur Ermittlung des Einzeltropfenweges bei ruhender Luft[3]:

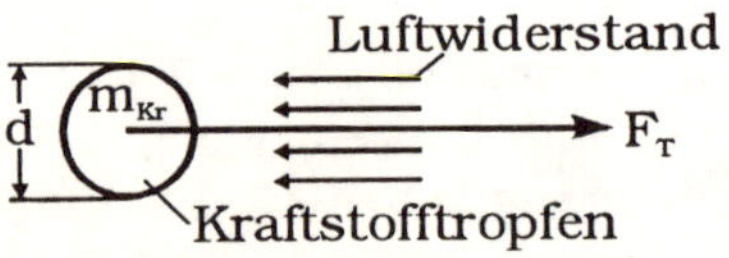

Bild 18.9
Ansatz zur Ermittlung des Einzeltropfenweges bei ruhender Luft

[2] Gasmotoren mit Zufuhr des Brenngases direkt in den Zylinder haben ebenfalls „innere Gemischbildung".

[3] Die Rechnung kann auch für bewegte Luft und Berücksichtigung der Verdampfung durchgeführt werden.[10]

Trägheitskraft F_T = Luftwiderstand F_W

$$F_T = -m_{Kr} \cdot a = F_W = c \cdot q \tag{18.1}$$

$$q = \frac{\rho_L}{2} \cdot \frac{d^2 \cdot \pi}{4} \cdot v^2 \tag{18.2}$$

Aus 18.1 und 18.2 folgt:

$$-m_{Kr} \cdot \ddot{s} = c \cdot \frac{\rho_L}{2} \cdot \frac{d^2 \cdot \pi}{4} \cdot \dot{s}^2 \tag{18.3}$$

$$m_{Kr} = \rho_{Kr} \cdot \frac{\pi}{6} \cdot d^3 \tag{18.4}$$

Aus 18.3 und 18.4 folgt:

$$0 = \frac{4}{3}\pi \cdot d^3 \cdot \rho_{Kr} \cdot \ddot{s} + \pi \cdot d^2 \cdot c \cdot \rho_L \cdot \dot{s}^2 \tag{18.5}$$

Daraus ergibt sich durch Integration der Weg eines Tropfens:

$$s = \frac{1}{k} \cdot \ln(1 + v_0 \cdot k \cdot t) \quad \text{mit} \quad k = \frac{3}{4} \cdot \frac{c}{d} \cdot \frac{\rho_{\text{Luft}}}{\rho_{\text{Kraftstoff}}} \tag{18.6}$$

Es bedeuten:

a	=	$\ddot{s}$ = Tropfenverzögerung
c	=	Luftwiderstandsbeiwert(Kugel: c $\sim$ 0,4)
q	=	Staukraft
v	=	$\dot{s}$ = Relativgeschwindigkeit zwischen Tropfen und Luft
v_0	=	Anfangsgeschwindigkeit des Tropfens beim Verlassen der Düse

Hieraus kann insbesondere die Reichweite eines Tropfens ermittelt werden, wobei der Einfluß von v_0, d und ρ_{Luft} ersichtlich ist.
Folgendes Diagramm gibt das zeitliche Verhalten von mehreren Tropfen wieder:

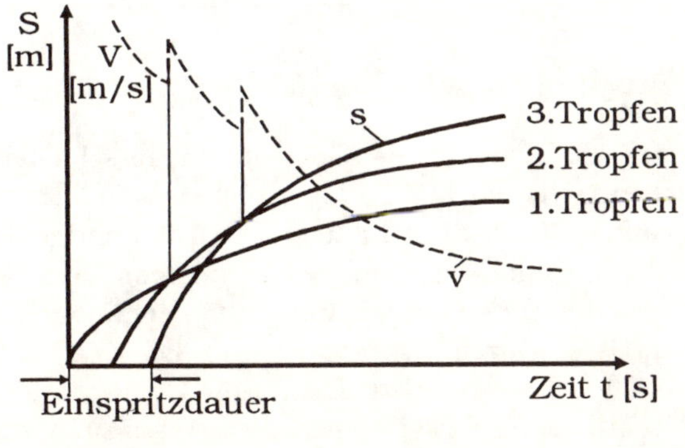

Bild 18.10
Zeitliches Verhalten mehrerer Kraftstofftropfen

Da die später aus der Düse tretenden Tropfen im Windschatten des vorhergehenden Tropfens fliegen und die Luft infolge Reibung zunehmend in Bewegung gesetzt wird, überholen immer spätere Tropfen die vorhergehenden. Die Reichweite mehrerer Tropfen ist daher größer als die eines einzelnen. Die „Strahlfront"- Geschwindigkeit ist ebenfalls eingetragen. (Bild 18.10)

Der Einspritzstrahl z.B. im Dieselmotor zeigt folgenden Aufbau:

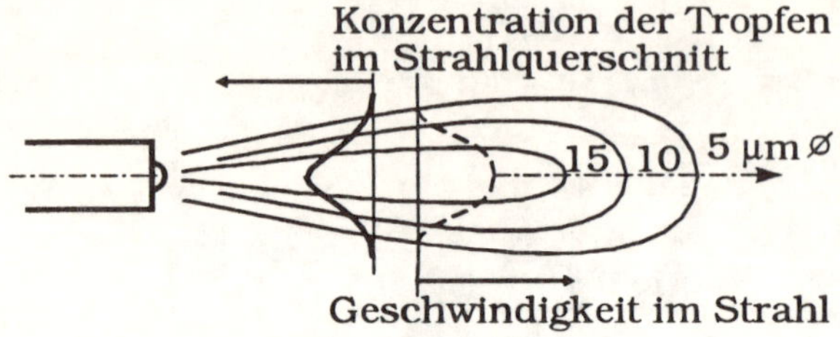

Bild 18.11 Einspritzstrahl im Dieselmotor

Der Größenverteilung der Tropfen im Strahl entsprechen auch ihre Fluggeschwindigkeit und ihre Flugweite. Die mittlere Tropfengröße bei der Dieseleinspritzung beträgt $d_m = 10 \ldots (20)\ \mu m$.

18.3.1 Kraftstoffeinspritzung bei Ottomotoren

Hauptvorteile der Zylinder-Einspritzung bei Ottomotoren sind die Anwendbarkeit großer Ventilüberschneidung und damit guter Spülung ohne Kraftstoffverluste, volle Ausnutzbarkeit der Verdampfungswärme des Kraftstoffs zur Kühlung des Brennraumes. Dadurch ist eine höhere Verdichtung möglich, außerdem steigt der Liefergrad λ_L. Die Ansprechzeiten bei Wechsel von Last und Drehzahl verkürzen sich. Bei Zweitakt-Ottomotoren kommt hinzu, daß der Kraftstoffkurzschlußverlust des Vergaserbetriebes weitgehend vermieden werden kann.
Schließlich ist auf die Möglichkeit der Kraftstoffgemisch-Schichtung (inhomogene Kraftstoffverteilung) hinzuweisen. Man kann damit auch bei Teillast Gemischregelung durchführen, wenn es gelingt, im Zündzeitpunkt an der Zündkerze gerade das niedrigste Luftverhältnis λ so herzustellen, daß mit zunehmendem Abstand von der Kerze das Luftverhältnis ansteigt. Es erfolgt jedoch stets Fremdzündung.

18.3.2 Kraftstoffeinspritzung bei Dieselmotoren

Dieselmotoren werden, abgesehen von einem Teil der Gasmotoren, ausschließlich mit innerer Gemischbildung betrieben (siehe auch 2.2). Es erfolgt stets Selbstzündung an der durch die Verdichtung auf 500°C-700°C erhitzten Luft. Die richtige Anlagerung des eingespritzten Kraftstoffs an die Luft oder bei besonderen Verfahren an eine Wand ist das Hauptproblem des Dieselmotors. Bei guter Zerstäubung haben die Kraftstofftröpfchen einen mittleren Durchmesser von 10 μm. Die Kraftstoffoberfläche wird auf etwa das 600...700-fache vergrößert. Die für die Gemischbildung erforderliche Energie kann im wesentlichen auf zwei verschiedene Arten zur Verfügung gestellt werden:

18.3.2.1 Direkte Einspritzung

Es wird direkt in den Brennraum gespritzt. Die Energie der Einspritzstrahlen reicht zur Gemischbildung aus (viele Düsenlöcher mit kleinem Querschnitt) oder es wird gesteuerte Luftbewegung durch Verdrängung und/oder Drehung zu Hilfe genommen (weniger Düsenlöcher mit größerem Querschnitt).
Letzteres gilt vor allem für Motoren mit kleineren Zylinderabmessungen.

18.3.2.2 Indirekte Einspritzung

Es wird eine Teilverbrennung in einem vom Brennraum abgeteilten Raum durchgeführt. Die dabei freiwerdende Druck-, Geschwindigkeits- und Wärmeenergie wird zur Mischung der Hauptkraftstoffmenge ausgenutzt.
Daraus erklärt sich, daß unterschiedliche Abspritzdrücke in den Düsen notwendig sind und daß infolge unterschiedlicher Verluste bei der Gemischbildung sich auch unterschiedliche Gesamtwirkungsgrade bzw. b_e-Werte ergeben.

Verfahren	Abspritzdruck [bar]	opt. $b_e[g/kWh]$
Direkte Einspritzung	180...350	200
Indirekte Einspritzung	90...140	230

Die Spitzendrücke während der Einspritzung können wesentlich höher liegen (> 1000 bar bei direkter Einspritzung, hohe Pumpenbelastung). Die direkte Einspritzung wird bei größeren Motoren angewendet. Dieses Verfahren ist gekennzeichnet durch folgende Kolbenbrennräume:

- Hesselmannmulde („mexican hat") ohne Luftdrehung
- Topfmulde mit Luftdrehung
- Mittenkugel mit starker Luftdrehung

Es sind auch Zwischenlösungen möglich. Bild 18.12 zeigt eine „eingezogene" Mulde, bei welcher eine verstärkte Verdrängungswirkung für die Luft zustande kommt, wenn der Kolben sich OT nähert.

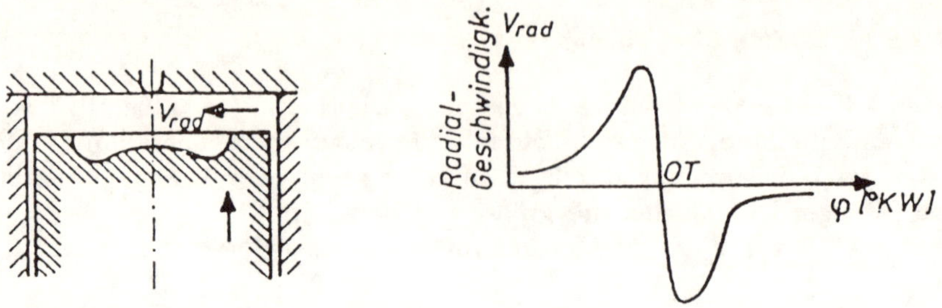

Bild 18.12 Radialgeschwindigkeit der Luft bei „eingezogener" Mulde im Kolben

Die sich dabei ausbildende Radialströmung kann zur Gemischbildung ausgenutzt werden. Die Radial-Geschwindigkeit über dem Kolbenrand v_{rad} ist von der Kolbenstellung abhängig, wie in Bild 18.12 gezeigt. Häufig wird die Verdrängungswirkung mit Luftdrehung, die im Einlaßkanal erzeugt wird, kombiniert. Zu den Verfahren mit starker Luftdrehung zählt das Mittenkugel-Brennverfahren (M-Verfahren) (Bild 18.13)[11].

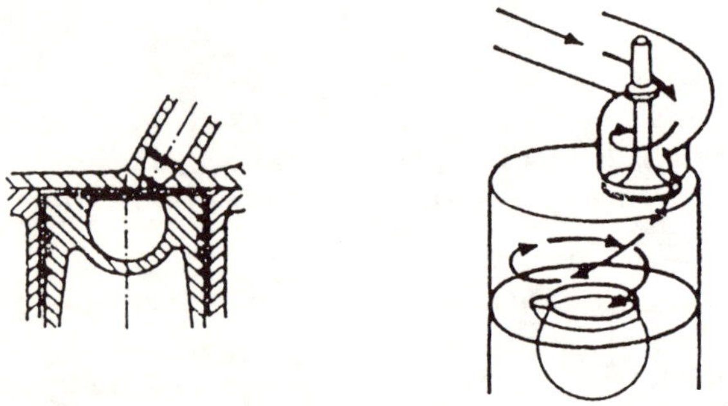

Bild 18.13 Mittenkugel-Brennverfahren (M-Verfahren)

Das Streben nach Senkung des Luftverhältnisses führte zu Überlegungen, die vom Weg der Luftverteilung des Kraftstoffes abweichen. Der Kraftstoff wird beim M-Verfahren als kompakter Strahl auf der Wand des kugelförmig ausgehöhlten Kolbenbodens aufgetragen und verdampft dort durch Wandwärme und Flammenstrahlung. Ein kleiner Teil des Kraftstoffes bleibt ohne besondere Vorkehrungen stets in der Luft. Durch den kleinen Anteil des luftverteilten Kraftstoffs sind Zündverzug und Druckanstieg bei Verbrennungsbeginn gering. Die Flamme kommt nicht mit dem Kraftstoff an der Wand in Berührung, wobei die unerwünschten Krackreaktionen im Kraftstoff unterbleiben.

Im Zentrifugalfeld der Luftdrehung bleiben die heißen, leichten Verbrennungsgase in der Mitte, während die kühleren und sauerstoffreichen Gase zur Wand, d.h. zum Kraftstoff, getragen werden. Hiermit wird es möglich, ein besonders niedriges Luftverhältnis rauchfrei zu erreichen.

Diese Vorgänge befreien den M-Motor weitgehend von den Einschränkungen durch die Kraftstoffeigenschaften.

Das M-Verfahren eignet sich daher besonders gut für den Vielstoffmotor.

Die indirekte Einspritzung wird für kleinere Motoren vorgesehen. Dieses Verfahren weist bei den schnellaufenden Motoren meist eine Überlegenheit in der Abgasqualität auf. Bewährte Konstruktionen sind z.B.:

- Vorkammerverfahren
- Wirbelkammerverfahren
- Luftspeicherverfahren

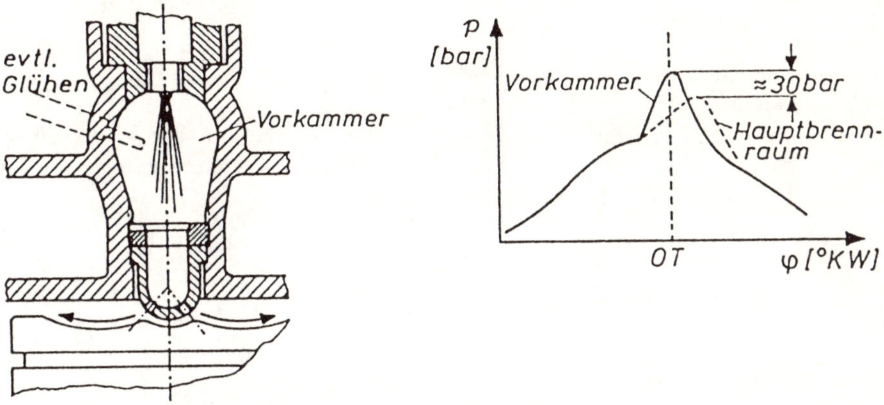

Bild 18.14 Vorkammerverfahren

Beim Vorkammerverfahren liegt gemäß Bild 18.14 ein abgeteilter Brennraum, die sog. Vorkammer, die 25...35% des Verdichtungsraumes ausmacht, über dem Hauptbrennraum und ist mit diesem über Blaslöcher verbunden. Der Kraftstoff wird zentrisch in die Vorkammer eingespritzt. Die Zündung erfolgt auf der Rückseite des Einspritzstrahles. Der Druck in der Vorkammer steigt stark an (s. Bild 18.14). Das entstehende Brenngas-Kraftstoffgemisch wird mit Geschwindigkeiten bis zu 500 m/s durch die Blaslöcher in den Hauptbrennraum abgeblasen. Die Temperaturen am Vorkammerboden betragen bis zu 800°C. Außerdem sind die Temperaturen an den Auftreffstellen zu beachten (Wärmespannungen!). Wegen der Verluste beim Ein- und Ausströmen ist der spez. Kraftstoffverbrauch, wie auf Seite 105 schon angegeben, etwas ungünstiger als bei der direkten Einspritzung[4]. Wegen dieser Verluste ist der optimal anzupassende Drehzahlbereich begrenzt. Außerdem müssen die bei unterteilten Brennräumen mit ihren großen spez. Oberflächen vorhandenen größeren Wärmeverluste beim Start durch Vorglüheinrichtungen ausgeglichen werden. Vorteilhaft sind eine gewisse Kraftstoffqualitätsunempfindlichkeit, ruhiger Lauf, eine anspruchslose Einspritzanlage mit einer Einloch-Zapfendüse.
Die Wirbelkammer, Bild 18.15, verfolgt einen ähnlichen Zweck.

[4] Diese Verluste werden bei einer Kammer mit „variabeler Geometrie" vermieden. Dabei wird in OT der Kammerboden durch einen Zapfen auf dem Kolbenboden gebildet

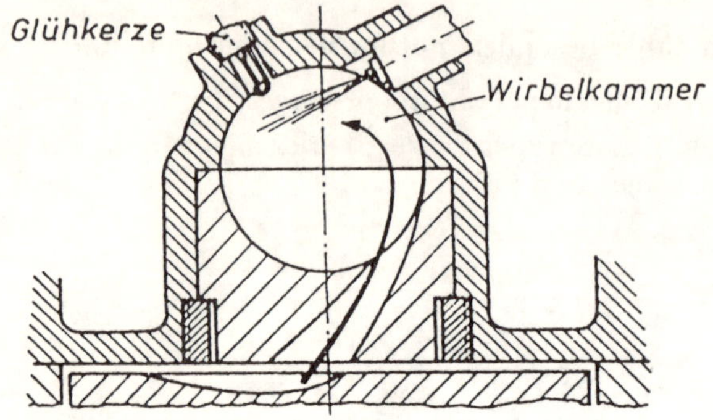

Bild 18.15
Wirbelkammer

Im Kompressionshub wird die Luft in der Wirbelkammer in Drehung versetzt. Die Rotationsfrequenz beträgt rund $(10 \ldots 20) \cdot n_{Motor}$.
Am Kammerboden herrschen ähnliche Temperaturen wie bei der Vorkammer. Es gelten die gleichen Gesichtspunkte wie bei der Vorkammer. Zu erwähnen sind noch besondere Vorteile hinsichtlich der Abgasqualtität.

18.4 Einspritzeinrichtungen

18.4.1 Einspritzdüsen

Das zeitlich eingespritzte Kraftstoffvolumen folgt dem Gesetz

$$\dot{V} = \frac{dV}{dt} = \mu \cdot A_D \cdot \sqrt{\frac{2}{\rho} \cdot (p_D - p_{Zyl})} \qquad (18.7)$$

Es bedeuten:

μ = Faktor für Strahleinschnürung in der Düse ($\approx$ 0,6)
A_D = Düsenquerschnitt
p_D = Druck vor dem Düsenquerschnitt
p_{zyl} = Verdichtungsdruck während des Einspritzens
ρ = Kraftstoffdichte

Es werden druckgesteuerte Nadelventil-Düsen verwendet. Der zu wählende Abspritzdruck ist, wie schon erläutert wurde, abhängig vom Verbrennungsverfahren (siehe Seite 105).

Man unterscheidet in der Hauptsache Lochdüsen und Zapfendüsen[5]:

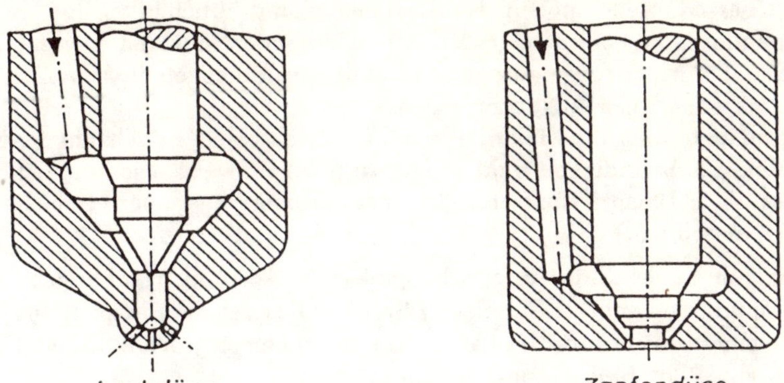

Bild 18.16 Lochdüse und Zapfendüse

Während Lochdüsen bei Motoren mit direkter Einspritzung eingesetzt werden, finden Zapfendüsen in Motoren mit abgeteiltem Brennraum Verwendung.
Bei den Lochdüsen hat die Düsennadel an ihrem Ende einen Kegel. Es gibt Ein- und Mehrlochdüsen (kleinster Spritzlochdurchmesser ca. 0,2 mm). Sie übernehmen (außer M-Verfahren) den wesentlichen Teil der Kraftstoffverteilung.
Bei den Zapfendüsen hat die Düsennadel am Nadelende einen besonders ausgebildeten Spritzzapfen, der mit einem bestimmten, genau einzuhaltenden Spiel in das Spritzloch des Düsenkörpers hineinragt. Durch verschiedene Abmessungen und die Ausbildung des Zapfens läßt sich der Aufbau des Einspritzstrahles den Erfordernissen anpassen. Es kann damit ein zylindrischer oder kegelförmiger Strahl erzeugt werden und mit der Drosselzapfendüse ist zu Beginn des Nadelhubes sogar eine Voreinspritzung zur Beeinflussung des Zündverzuges und Erzielung größerer Laufruhe möglich.

18.4.2 Einspritzpumpen

Es werden vornehmlich einfachwirkende Kolbenpumpen verwendet. Bei der Niederdruck-Benzineinspritzung sind auch einfachere Pumpen im Gebrauch. Kolbenpumpen müssen bei Benzinbetrieb besonders geschmiert werden. Bei Dieselbetrieb reicht die Schmierwirkung des Kraftstoffes aus.
Nach der Art der Mengen-Steuerung unterscheidet man.

Schrägnockenpumpen
Schrägkanten-Pumpen
Überström-Pumpen
Drosselregelung

[5]Für die Beinzineinspritzung werden auch Drall- und Kegeldüsen verwendet, die in Richtung des Kraftstoff-Flusses öffnen. Außerdem können solche Düsen elektromagnetisch betätigt werden.

Auch Kombinationen dieser Verfahren, z.B. Schrägkantensteuerung für den Spritzbeginn und Überströmregelung für das Spritzende, sind üblich.
In der Pumpendüse, die bei mittelgroßen, schnellaufenden Motoren eingesetzt wird, sind Pumpe und Einspritzdüse zu einem Bauteil zusammengefaßt. Der Antrieb erfolgt z.B. durch obenliegende Nockenwellen[6].
Wenn es darauf ankommt, die Einspritzgeschwindigkeit von der Drehzahl des Motors bzw. der Kolbengeschwindigkeit unabhängig zu machen, werden sog. Speicherpumpen eingesetzt. Die Einspritzung erfolgt dabei gesteuert aus einem Speicher (z.B. bei Freikolbenmaschinen).

Für Motoren mit hoher Aufladung, d.h. großem Einspritzmengenbereich, werden auch Tandempumpen benutzt. Ein kleiner Stempel besorgt die Einspritzung kleiner Mengen. Von einer bestimmten Menge an arbeitet auch der größere Stempel. Damit ist auch eine sog. Pilot-Einspritzung möglich.

Als Beispiel sei nachfolgend eine sehr gebräuchliche Pumpe mit Schrägkantensteuerung erläutert: (Siehe dazu Bild, Anhang Seite 128)

Der Pumpenkolben wird über einen Nocken betätigt. In der Nähe des Pumpenkolben-UT tritt der Kraftstoff in Pfeilrichtung durch das Einströmloch. Beim Aufwärtsgang des Kolbens werden die Löcher im Pumpenzylinder versperrt. Die Förderung beginnt. Das Druckventil öffnet sich, der Kraftstoff tritt in die Einspritzleitung zur Düse. Wenn die schräge Steuerkante des Kolbens das Saugloch freigibt, bricht der Druck im Pumpenraum infolge Überströmens zusammen. Das Druckventil schließt sich. Die Förderung wird beendet. Die Menge kann durch Verdrehen des Kolbens vergrößert bzw. verkleinert werden. Damit ist der zeitliche Förderbeginn stets konstant, das Ende jedoch von der Menge abhängig. Wenn ein fester Zusammenhang von Drehzahl und Mitteldruck (= Einspritzmenge) besteht, wie z.B. bei Propellerantrieben, wird die Schrägkante auch nach oben verlegt. Dann beginnt die Einspritzung mit zunehmender Menge immer früher, wie es für Propellerantriebe erwünscht sein kann.

Bei kleinen Pkw-Dieselmotoren werden heute vornehmlich Verteiler-Einspritzpumpen eingesetzt. Sie besitzen nur einen Pumpenkolben der je Umdrehung Arbeitsspiele entsprechend der Zylinderzahl des Motors verrichtet (Zylinderzahl max. 6). Durch die Kolbendrehbewegung werden die einzelnen Zylinder angesteuert, während die Hubbewegung die Kraftstofförderung bewerkstelligt. Vorteile der Pumpe sind die geringen Kosten und geringer Platzbedarf am Motor. Nachteil: begrenzter Spitzendruck. (Siehe auch Bild, Anhang 129)

[6] Bei Großmotoren wurde gelegentlich auch das Archaouloff-Verfahren verwendet. Bei ihm wird der Motor-Zylinderdruck zur Beaufschlagung der Rückseite des Einspritzpumpenkolbens benutzt. Damit können der mechanische Nocken-Antrieb und lange Einspritzleitungen entfallen.

19 Bauformen, Zylinderanordnung

Der Aufbau der Motoren, insbesondere die Anordnung der Zylinder richtet sich vornehmlich nach dem Verwendungszweck. Dabei muß jeweils eine Wertungsfolge für Gewicht, Raumbedarf, Kühlverfahren, Reparatur- und Wartungsmöglichkeiten und Lebensdauer beachtet werden.[19]
Folgende Bauformen sind ausgeführt worden:
(Siehe auch Anhang Seite 132)

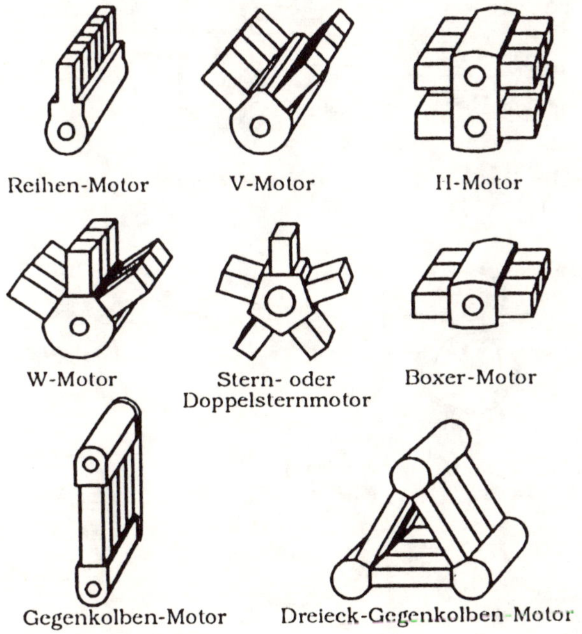

Bild 19.1 Bauformen von Motoren

20 Bildanhang

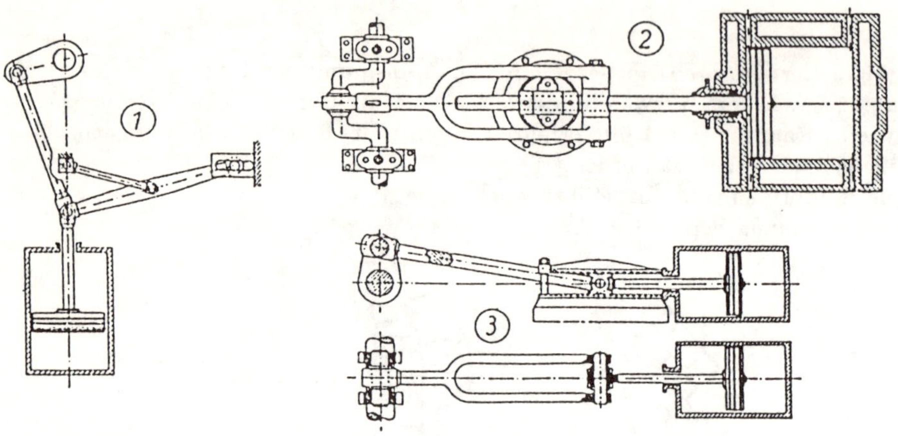

Bild 20.1 Geschichtliche Entwicklung der Kurbeltriebe

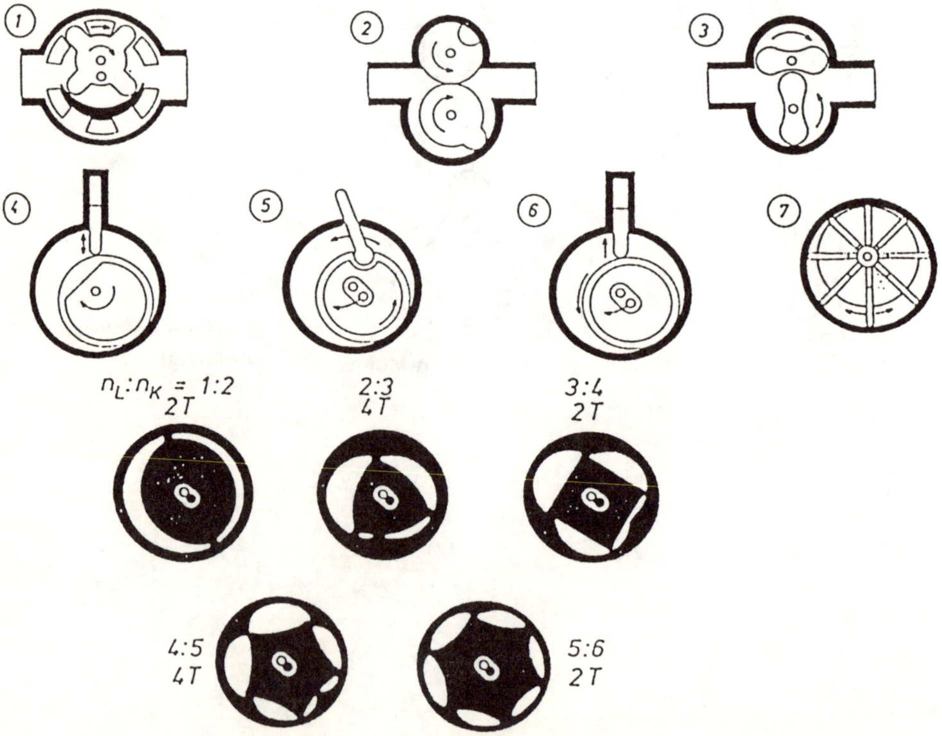

Bild 20.2 Arbeitsraum und umbauter Raum

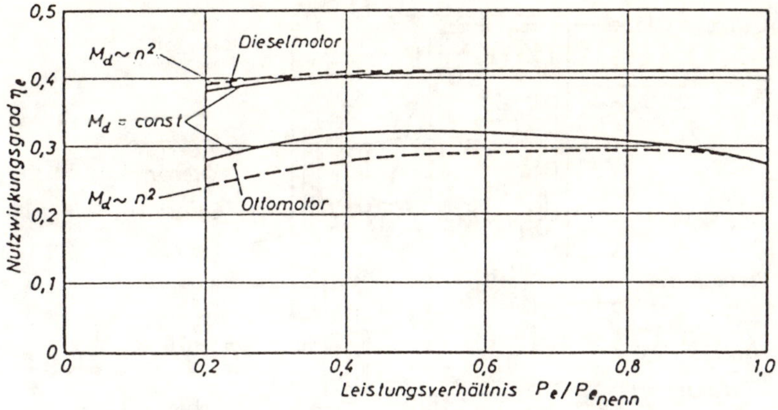

Nutzwirkungsgrad eines neuzeitlichen Diesel- u. Ottomotors in Abhängigkeit vom Leistungsverhältnis

———— = Drehmoment konstant

– – – – – = Drehmoment proportional dem Quadrat der Drehzahl

Dieselmotor: P_e = 2200 kW, n = 1500 1/min, p_e = 15,4 bar

Ottomotor: P_e = 110 kW, n = 5500 1/min, p_e = 9,7 bar

Bild 20.3 Nutzwirkungsgrad

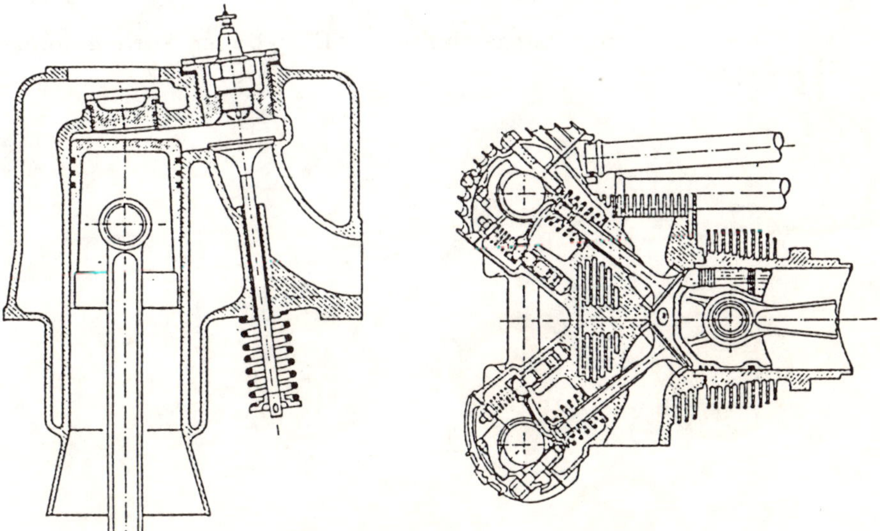

Bild 20.4 Brennraumformen

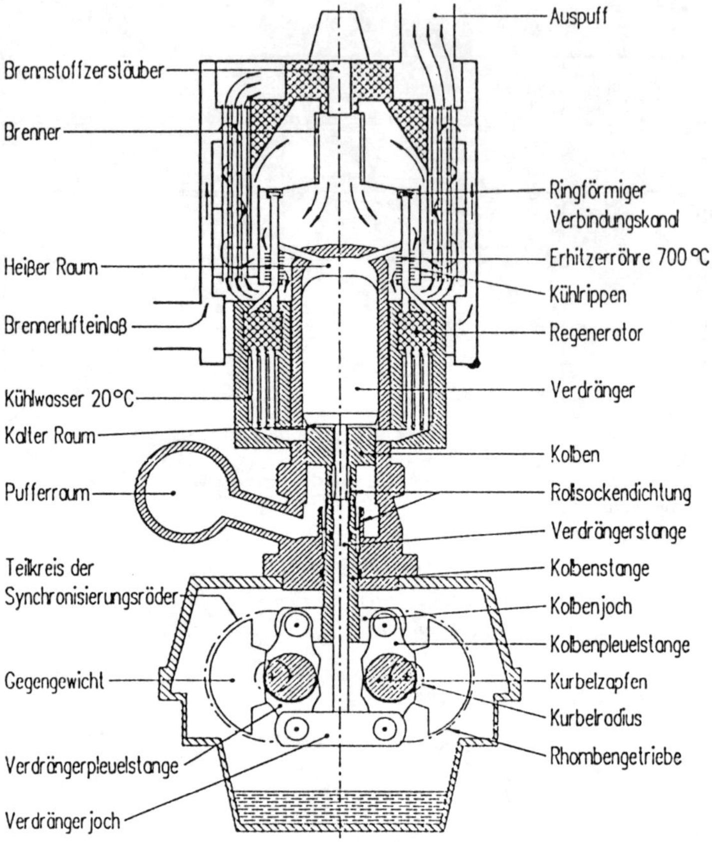

Bild 20.5 Skizzierter Längsschnitt des Einzylinder Stirlingmotors mit Rhombengetriebe

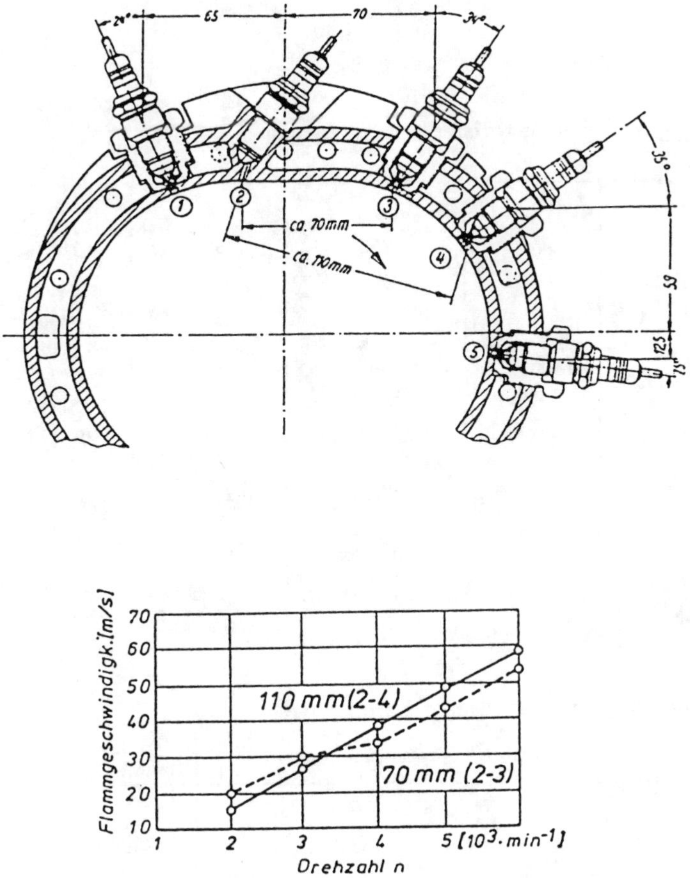

Bild 20.6 Versuchsgehäuse KKM 250 mit Zündkerze (2) und am Umfang verteilten Ionisationskerzen 1, 3, 4, 5 zur Messung der Flammenfrontausbreitung.

Motorrad-Rennmotoren: Kategorisierte Kenngrößen I

	Straßen-Rennmaschinen				
Anzahl erfaßter Motoren	1	5	6	4	2
Hubraum (cm^3)	80	125	250	500	750
Hub-Bohrungs-verhältnis	1,02	0,93	0,90...1,01	0,87...1,01	0,69
Zylinderzahl	1	2	2	3...4	4
Leistung (kW)	23,5	27...33	50...57,5	94...106	98...99,5
Nenndrehzahl (min^{-1})	16000	14000... 14500	11500... 12500	11000... 12500	11000... 11500
eff. Mitteldruck (bar)	11,3	9,3...11,3	10,2...11,5	9,2...11,1	13,6...14,3
mittlere Kolben-geschwindigkeit (m/s)	25,1	19,1...20,3	19,4...22,7	19,8...21,1	17,8...18,7
spez. Leistung (kW/dm^3)	301	216...264	200...230	188...212	131...133
Arbeitsverfahren	2T/D	2T/D	2T/S/D/M/AS	2T/D/M/AS	4T/4V

Motorrad-Rennmotoren: Kategorisierte Kenngrößen II

	Moto-Cross-Maschinen				Bahn-Rennmasch.
Anzahl erfaßter Motoren	1	7	7	1	5
Hubraum (cm^3)	80	125	250	500	500
Hub-Bohrungs-verhältnis	1,04	0,89...1	0,91...1,09	0,89	0,93...1,02
Zylinderzahl	1	1	1	1	1
Leistung (kW)	16,5	23...27	29...34	46	44...51
Nenndrehzahl (min^{-1})	11500	9900... 11500	7000... 8400	6500	9200... 10000
eff. Mitteldruck (bar)	10,9	10,1...12,8	9,3...10,8	8,7	11,5...12,2
mittlere Kolben-geschwindigkeit (m/s)	18,3	17,8...20,7	15,9...17,7	17,1	26,4...28,7
spez. Leistung (kW/dm^3)	206	184...216	116...136	92	88...102
Arbeitsverfahren	2T/M	2T/M/AS	2T/M/AS	2T/M	4T/4V

Abkürzungen: 2T: Zweitakt 4T: Viertakt 4V: Vierventiler
S: Schlitzsteuerung M: Membransteuerung
D: Drehschiebersteuerung AS: mit Auslaßsteuersystem

	Formel 1		Formel 2	Formel 3	Gruppe 5, 6		
	Saugmotoren	Turbomotoren			Turbomotoren bis 1,43 dm^3	Turbomotoren über 1,43 dm^3	Saugmotoren
Anzahl der Motoren	4	4	3	5	4	3	2
Hubraum (dm^3)	3	1,5	2	2	1,43	1,7–3,2	3,5–3,9
Hub (mm)	49,6–64,8	42,8–61,5	52,3–89,2	78–88,7	67,5–71	66–84	77,1–84
Bohrung (mm)	78,5–85,7	81–89,2	80–93,5	83–90	80–82	81–95	90–93,4
Zylinderzahl	8–12	4–6	4–6	4	4–6	4–6	6–8
Verdichtung	11,1–11,5	6,5–7	11	12,5–13,5	6,5–7	6,8–7	-11,5
Leistung (kW)	368–389	397–426	226–235	121–125	294–390	441–662	349–405
Nenndrehzahl (U/min)	11 000–12 300	9 500–11 000	9 500–10 500	5 300–6 000	8 500–9 500	8 000–9 000	9 000–9 250
Max. Drehmoment (Nm)	245–355	390–420	251–261	219–239	298–402	471–760	390–460
Drehzahl/ Max. Drehmoment (U/min)	9 100–9 900	7 500–9 600	7 800–8 000	4 700–4 900	7 000–7 800	5 500–6 800	7 000
Mitteldruck (bar)	12,3–13,4	27,9–35,9	13,4–14,7	12,4–14	26,1–36,4	26–32,6	13,4–14,5
Mittl. Kolbengeschwindigkeit (m/s)	20–23,8	15,7–19	18,3–25,3	14,3–17,4	16–21,9	19,8–22,4	23,8–25,2
Hubraumleistung (kW/dm^3)	122,7–130	261,4–284,5	113,3–117,6	61,9–62,8	190,9–273,4	173,2–244,7	101,1–103,3
Zylinderleistung (kW/Zyl.)	31,5–46	66,2–106,5	39,2–58	30,2–31,2	73,5–97,5	91,3–110,3	50,6–58,2

Kraftstoffverbrauch von verschiedenartigen Fahrzeugen als Faden dargestellt

Fahrzeug	P_e [kW]	m_{ges} [t]	v [km/h]	ø des Fadens [mmø]
1 VW Golf Diesel	37		148	0,330
2 BMW 318 i	85	1,14	190	0,463
3 Porsche 944 S2	155	1,31	240	0,585
4 LKW Hanomag Garant	51,5	5,00	76	0,488
5 LKW MAN 10212 HK	156	23,3	75	0,818
6 Eilzug mit Diesellok		398.0	75	1,485
7 Kühlschiff	7065,5	8680	37	7,45
8 Schnellboot „Hugin“	4622,1	69	83	4,10
9 Sportflugzeug Do 27		1,7	205	0,585
10 Verkehrsflugzeug DC6		44,13	501	1,76
11 Boeing 747-400		277,3	925	4,66

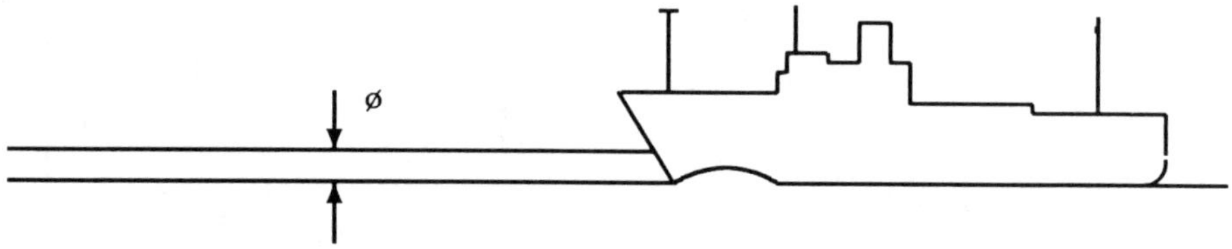

Philips-Stirling-Motor

a) Diskontinuierliche Kolbenbewegung

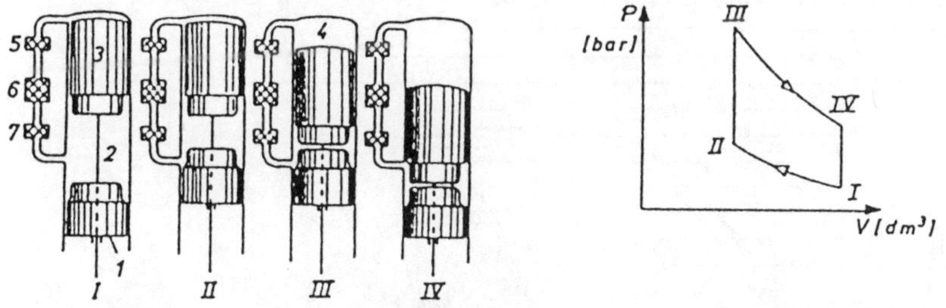

I Das gesamte Gas befindet sich im kalten Raum (2).

II Der Arbeitskolben (1) wurde nach oben bewegt und das Gas bei niedriger Temperatur komprimiert

III Der Verdrängerkolben (3) hat das Gas vom kalten Raum (2) in den warmen Raum (4) befördert [Wärmeaufnahme im Regenerator (6) und Erhitzer (5)].

IV Das heiße Gas ist unter Arbeitsabgabe expandiert. Danach drückt der Verdrängerkolben (3) das Gas wieder in den kalten Raum (2) [Wärmeabgabe an den Regenerator (6) und Kühler (7)]. Damit ist die Ausgangsstellung wieder erreicht.

a) Kontinuierliche Kolbenbewegung mit Rhombentriebwerk

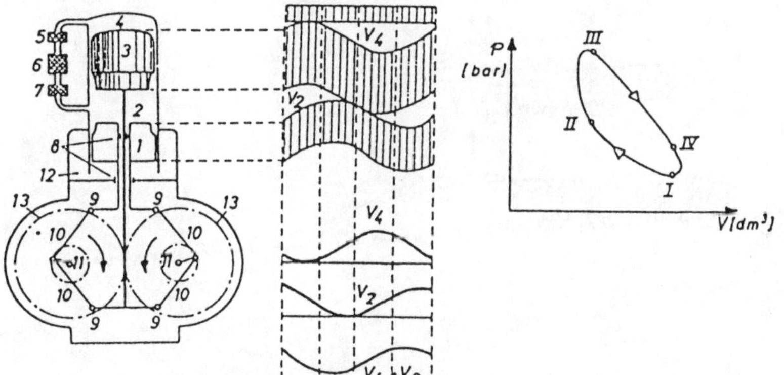

1	Arbeitskolben	6	Regenerator	11	Kurbel
2	Kalter Raum	7	Kühler	12	Pufferraum
3	Verdrängerkolben	8	Dichtung	13	Zahnrad
4	Warmer Raum	9	Joch		
5	Erhitzer	10	Pleuelstange		

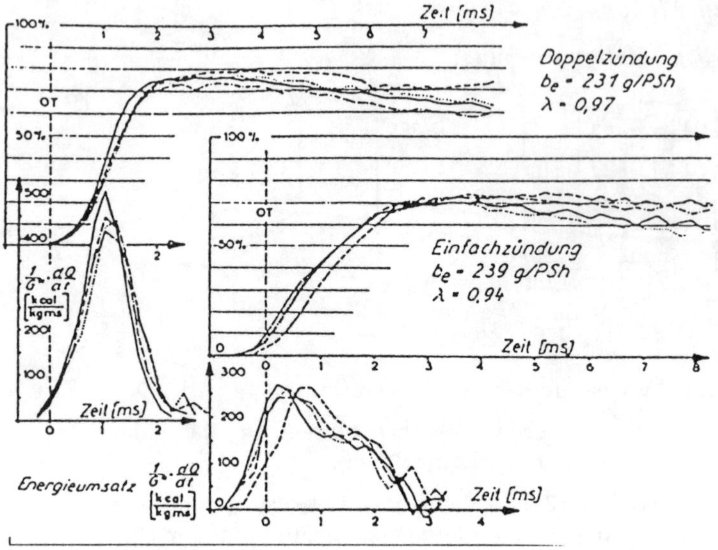

Bild 20.7 Heizgesetz KKM 502, n=4000 1/min, Vollast

Literatur: ATZ 68 (1966), S. 270-271

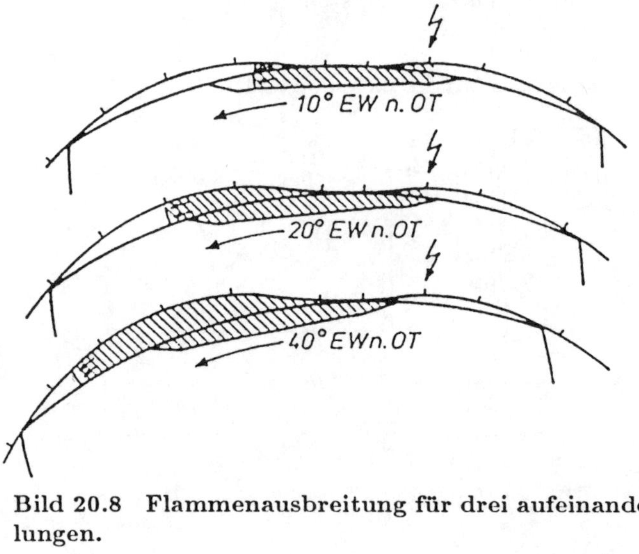

Bild 20.8 Flammenausbreitung für drei aufeinanderfolgende Kolbenstellungen.

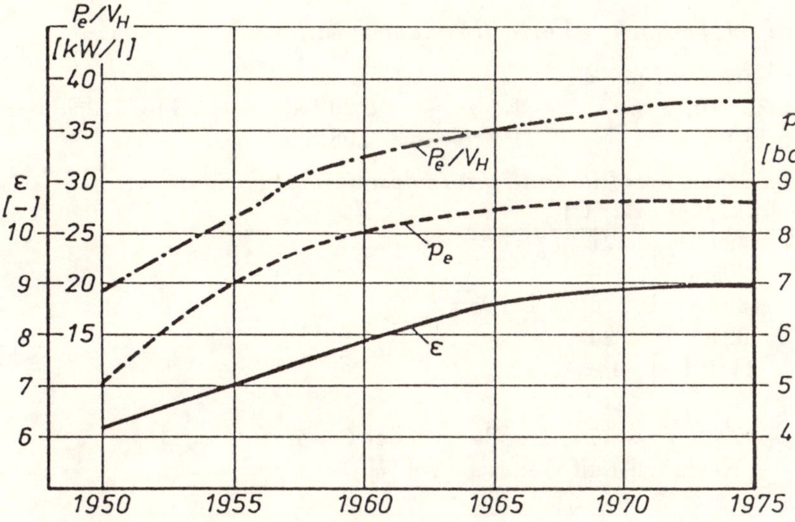

Bild 20.9 Verdichtungsverhältnisse, Nutzmitteldrücke und Literleistung deutscher Pkw-Ottomotoren

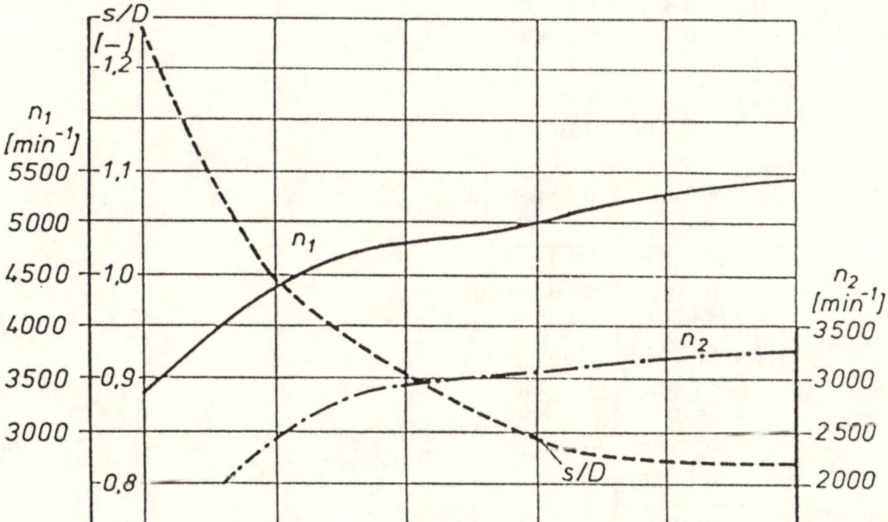

Bild 20.10 Drehzahlen (n_1 für Höchstleistung, n_2 für Höchstdrehmoment), Hub/Bohrung-Verhältnisse deutscher Pkw-Ottomotoren

Lit.: u.a. Motorrundschau 1970, H.7, S 44-45

Einige charakteristische Werte flüssiger Kraftstoffe

Dampfdruck nach Reid (30° C)

Benzin	0,39...0,78 bar	Benzol	0,29 bar	Gasöl	0,09 bar
Äthanol	0,18 bar	Petroleum	0,08 bar		

Verdampfungswärme r und theoretische Temperaturabsenkung Δt

Kraftstoff	r [kJ/kg]	$\Delta t [°C]$	
Hexan	364,3	21	
Heptan	309,8	18	
Benzol	397,8	26	bei $\lambda = 1$
Äthanol	921,1	83	
Methanol	1189,1	140	

Zündgrenzen

Kraftstoff	Anteil von Kraftstoffdampf oder Gas im Kraftstoff-Luft-Gemisch [Vol %]		
CO	12...17	-	70...75
H_12	3,3...9,5	-	54...74
Stadtgas	8	-	19
Benzol	2	-	8
Benzin	0,7...2,4	-	4,5...6
Traktorkrst.	1,5...2,4	-	5...8,2
Propan	2,3	-	8,2
Butan	1,7	-	8,5
Dieselgas	-	(da Zündstrahl)	

Zündtemperatur

Kraftstoff	in Luft °C	in Sauerstoff °C
H_2	530...630	450...630
CO	610...725	580...650
CH_4	645...750	600...750
C_2H_2	400...440	350...420
C_3H_8	510	490
Leuchtgas	560	450
Benzin	520...530	
Gasöl	430...580	
Schmieröl	380...420	
Benzol	670...770	
Steink.-Teeröl	600...700	
Methanol	500	
Kohlestaub	150...200	

Oktanzahlen

Heptan	0	Super Krst.	98...100
Petroleum	50	Stadtgas	105
Flüssiggas	95...125	Benzol	108
Benzin	90...94	Spiritus	200

Dauerbrüche an Ventilen

Kreisbogenbrüche

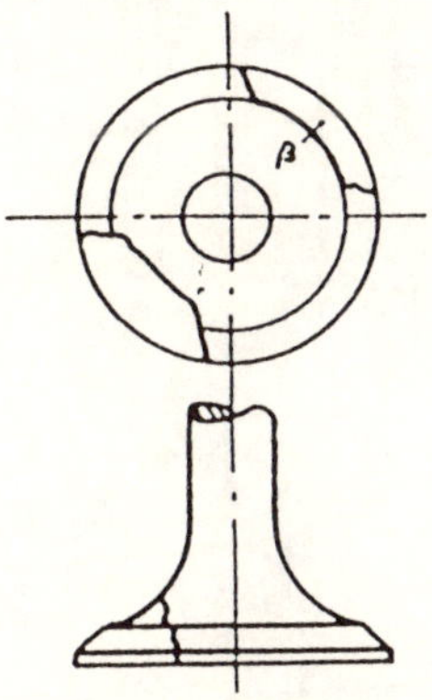

Ursachen:
Verformung des Ventiltellers
Warmfestigkeit zu gering
Oberflächen zu riefig
Fluchtungsfehler Sitz-Führung
Verwindung des Tellers
Bei β auch Schmiedefalten

Maßnahmen:
Oberflächengüte steigern
Toleranzen enger wählen
Drehen des Ventils im Betrieb
(Verstärkung des Ventils)

Segmentbrüche
(„Kuchenstücke")

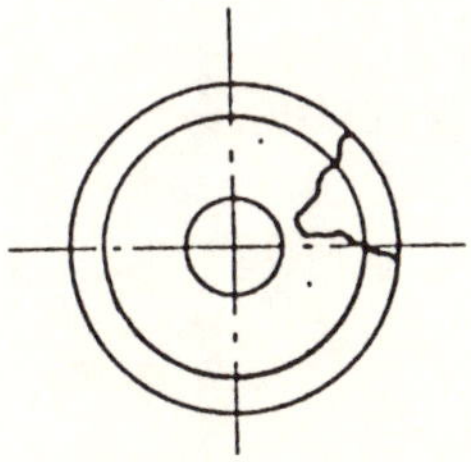

Ursachen:
zu hohe thermische Spannungen
Temperaturdifferenz zwischen
Tellermitte und -rand zu groß
Randspannung zu hoch oder Fehler
in der Sitzpanzerung

Maßnahmen:
Wärmeabfuhr von der Ventilmitte
verbessern (ggf. Na-Füllung)
Panzerschweißung verbessern

Schaftbrüche

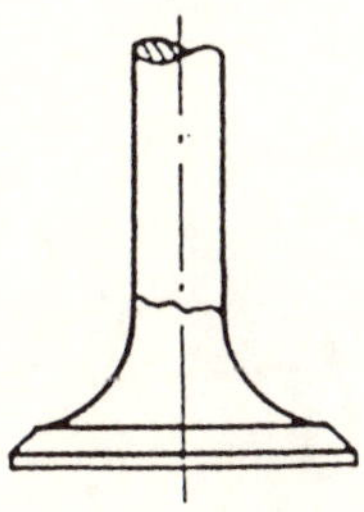

Ursachen:
Ähnlich wie bei Kreisbogenbrüchen
z.B. Fluchtungsfehler
bei Verchromung σ_{bw} zu niedrig

Maßnahmen:
Toleranzen prüfen
ggf. Schaftspiel vergrößern
Ventil am Übergangsradius verstärken
biegebruchgefährdete Stelle nicht verchromen

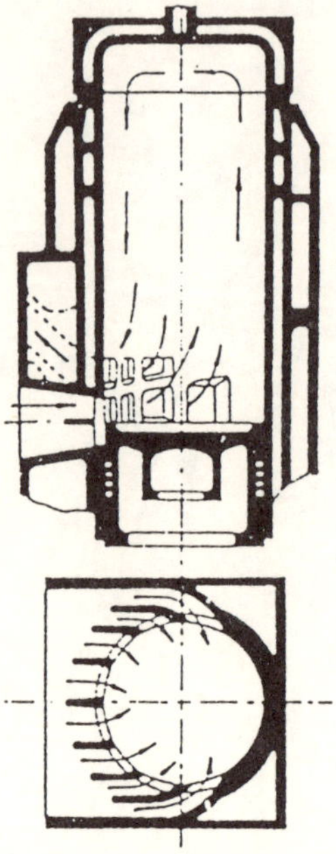

Umkehrspülung

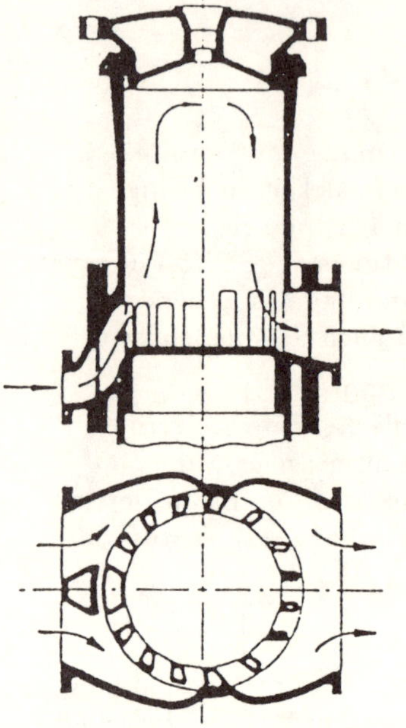

Querspülung

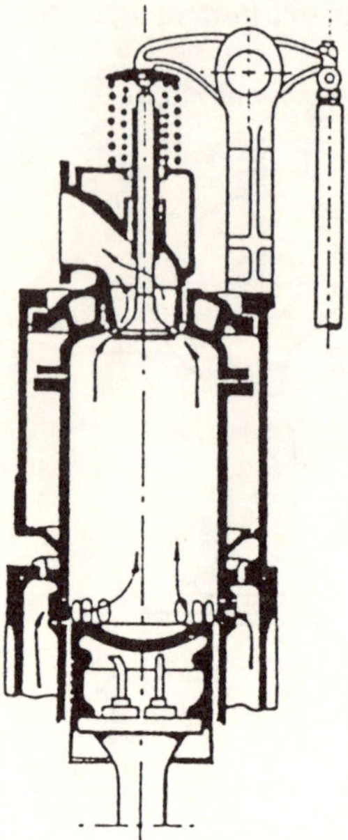

Gleichstromspülung

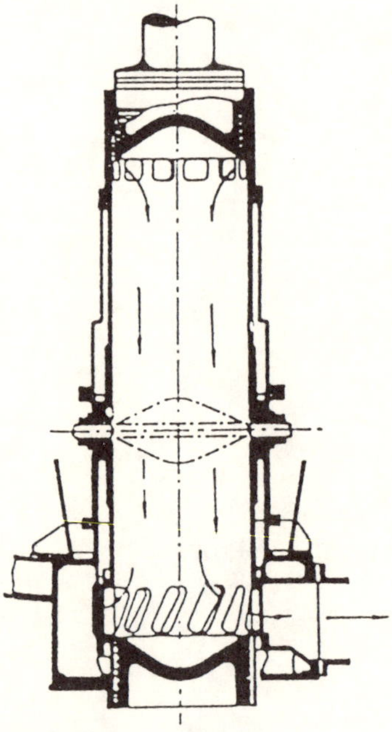

Gleichstromspülung
Gegenkolben

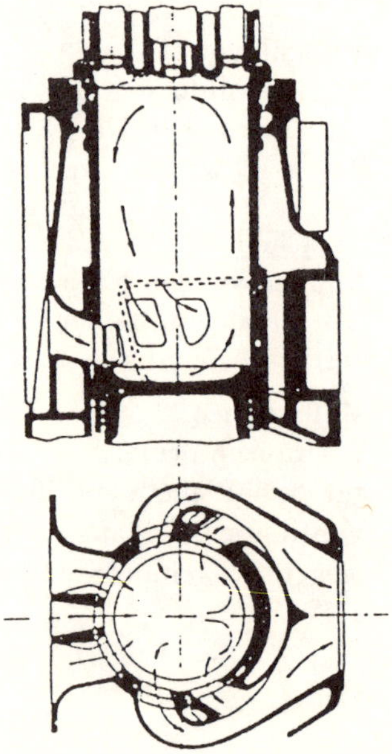

Umkehrspülung (Schnürle)

Bild 20.11 Spülsysteme bei Zweitaktmotoren

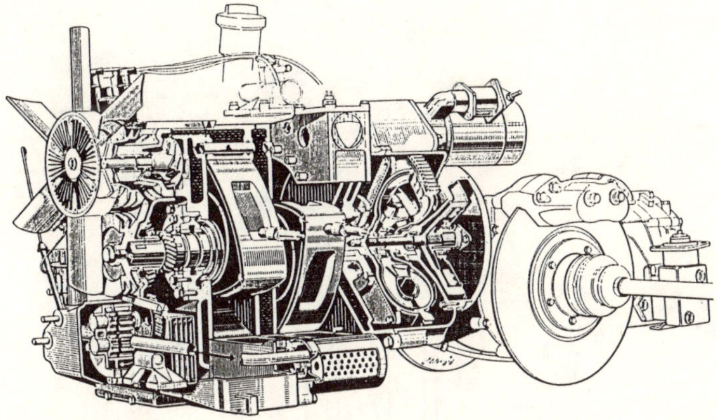

Bild 20.12 Rotationskolben-Motor (Ro 80)

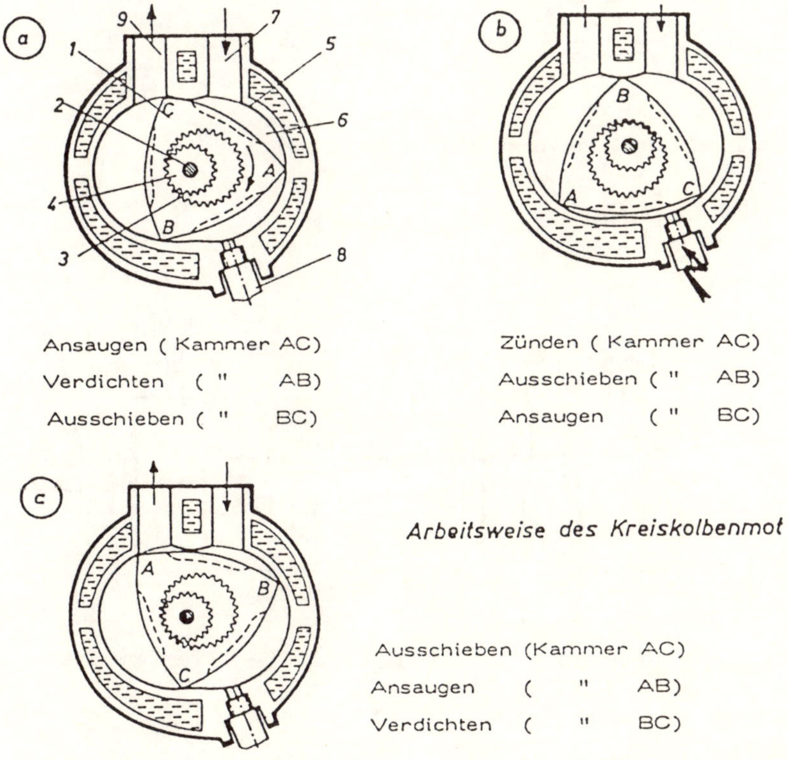

Bild 20.13 Arbeitsweise des Kreiskolbenmotors

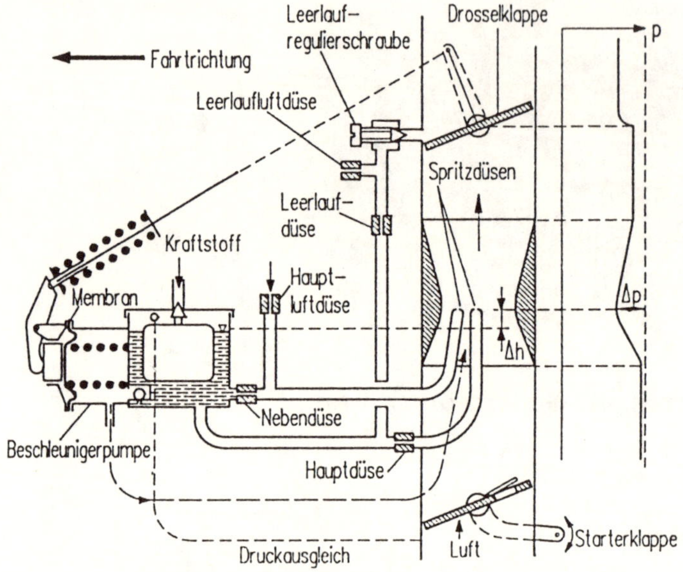

Bild 20.14 Steigstromvergaser (Prinzip)

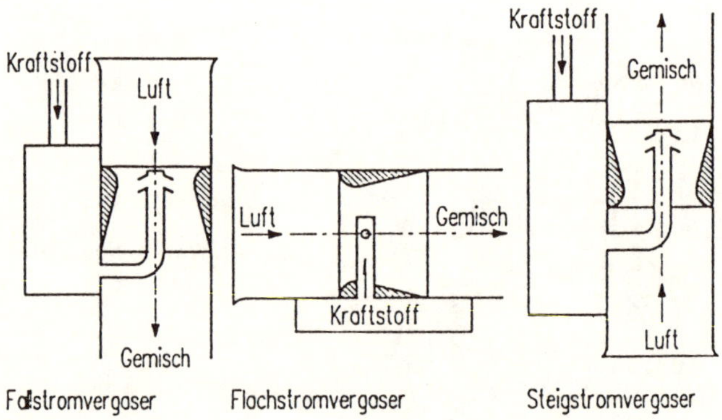

Bild 20.15 Vergaserbauarten

1 Kraftstoffbehälter, 2 Elektrokraftstoffpumpe, 3 Kraftstoffilter, 4 Kraftstoffverteiler, 5 Druckregler, 6 Steuergerät, 7 Lambda-Sonde, 8 Einspritzventil, 9 Motor-Temperaturfühler, 10 Drosselklappe, 11 Drosselklappenschalter, 12 Leerlaufdrehzahl-Einstellschraube, 13 Leerlauf-Drehsteller, 14 Hitzdraht-Luftmassenmesser, 15 Zündverteiler, 16 Batterie, 17 Zünd-Start-Schalter, 18 Relais.

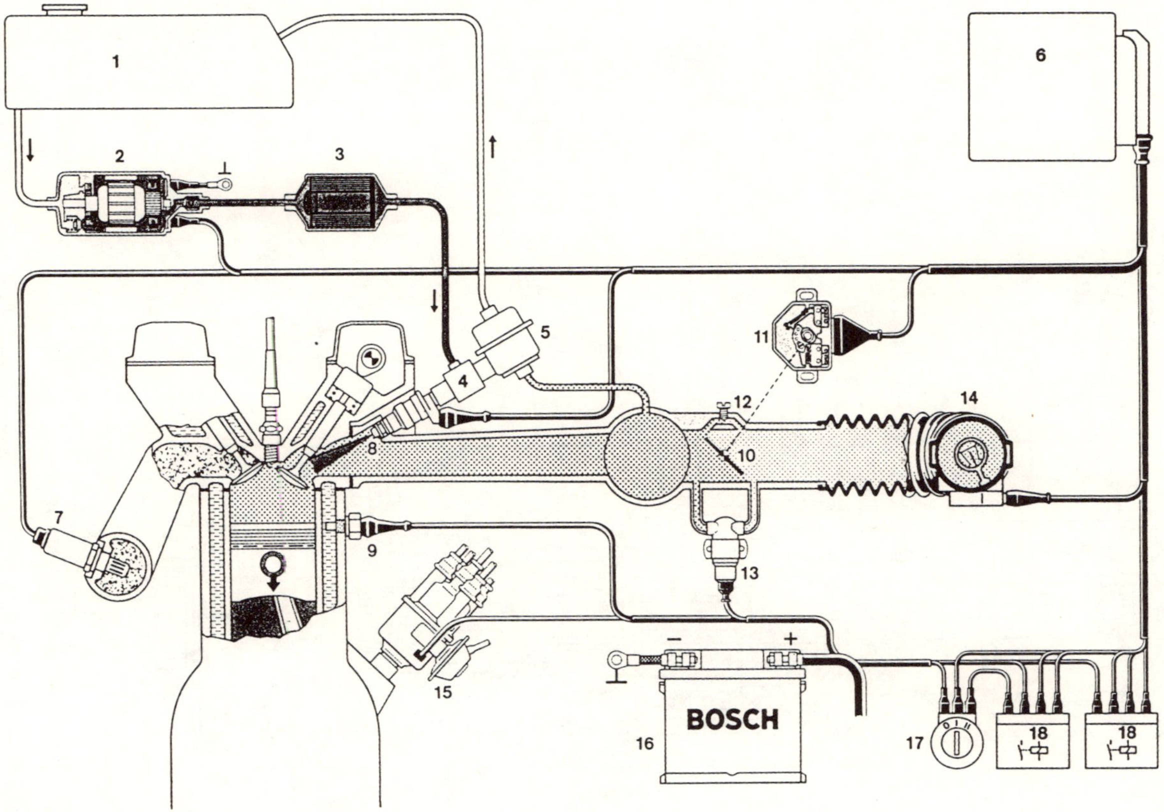

Bild 20.16 LH-Jetronic-Systemübersicht

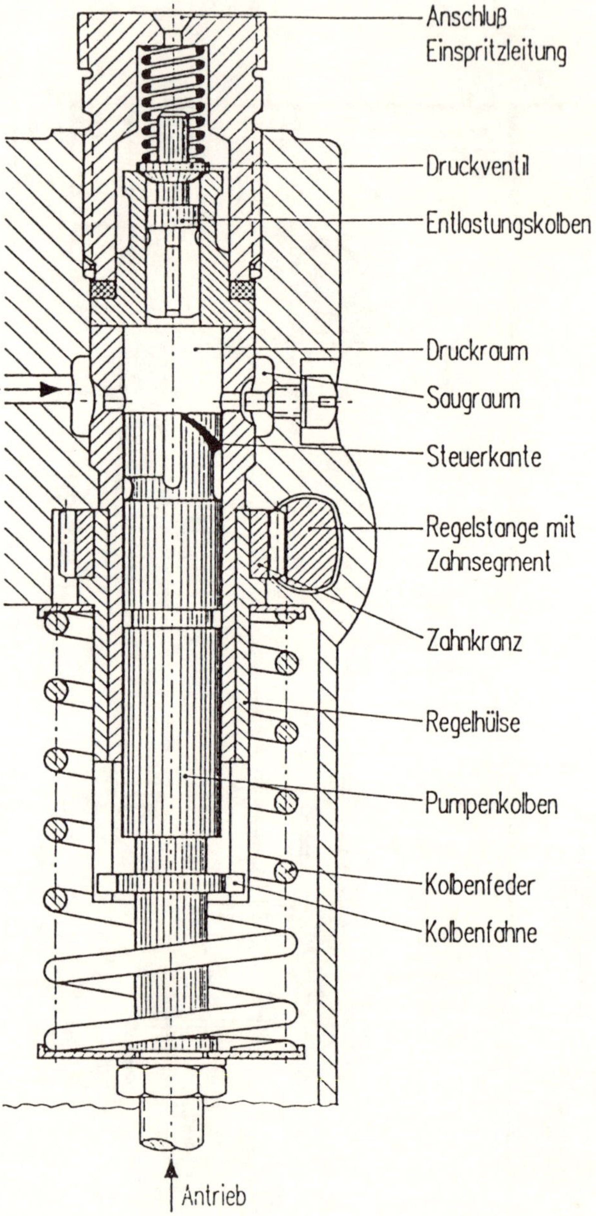

Bild 20.17 **Diesel-Einspritzpumpe mit Schrägkantensteuerung**

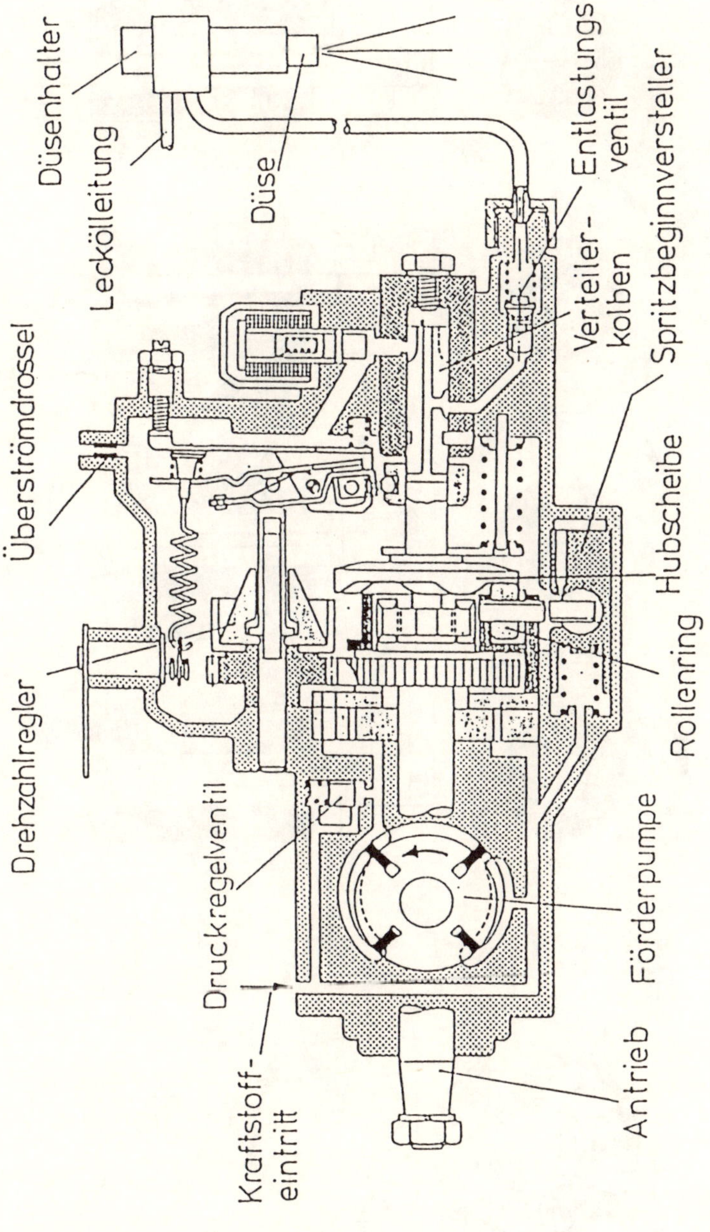

Bild 20.18 Verteiler-Einspritzpumpe (Bosch)

Förderung

Kraftstoff-Zulauf.
Im UT strömt Kraftstoff über den Zulaufkanal (2) und einen Steuerschlitz (3) in den Hochdruckraum (4).

Kraftstoff-Förderung.
Während der Hub-Bewegung schließt der Verteilerkolben den Zulaufkanal und setzt den Kraftstoff im Hochdruckraum (5) unter Druck. Im Verlauf der Dreh-Bewegung öffnet eine Verteilernut (6) die dem Motorzylinder zugehörige Auslaßbohrung (7).

Absteuerung.
Die Kraftstoff-Förderung ist beendet, sobald der Regelschieber (8) die Absteuerbohrung (9) öffnet.

Kraftstoff-Zulauf.
Während des Rücklaufs des Kolbens zum UT wird durch die Dreh-Hub-Bewegung die Absteuerbohrung geschlossen. Der Hochdruckraum füllt sich erneut.

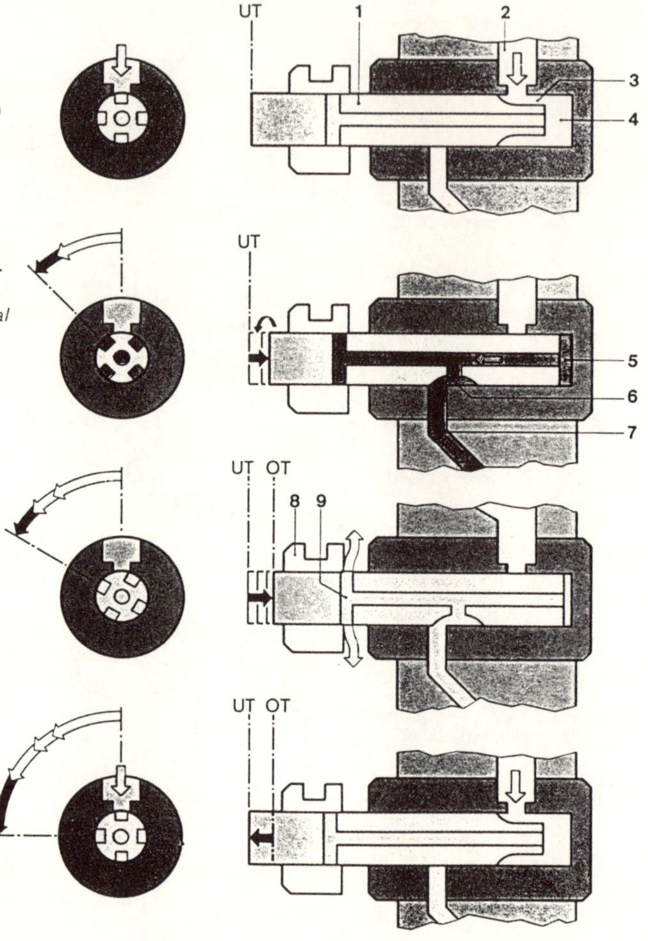

Bild 20.19 Förderung

1 Pumpengehäuse.
2 Rollenring.
3 Rollen des Rollenrings.
4 Bolzen.
5 Bohrung im Spritzverstellerkolben.
6 Deckel.
7 Spritzverstellerkolben.
8 Gleitstein.
9 Spritzverstellerfeder

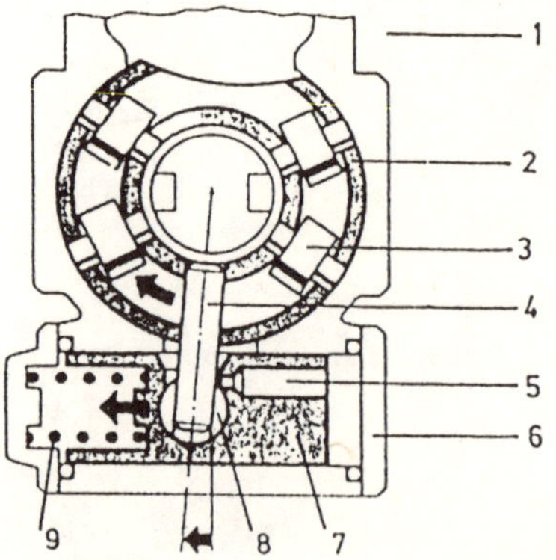

Bild 20.20
Spritzbeginnverstellung

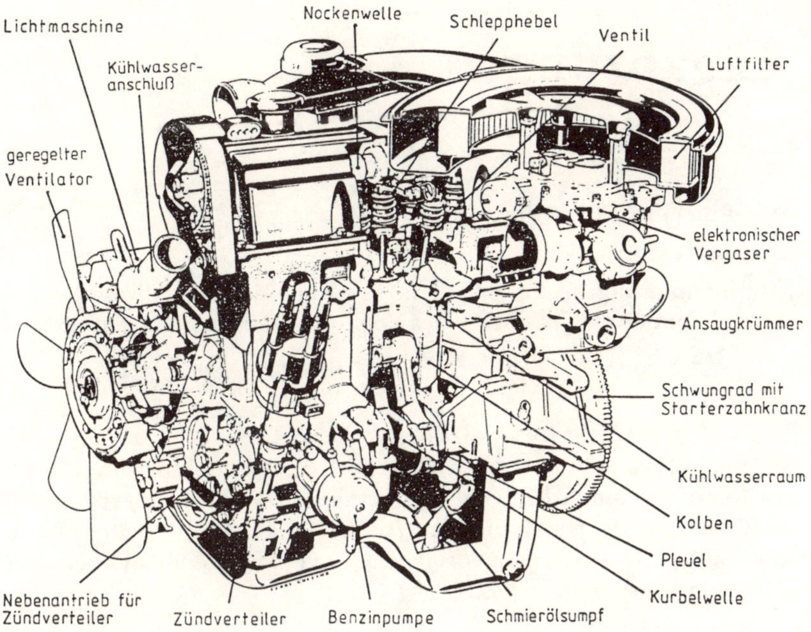

Bild 20.21 Otto-Motor

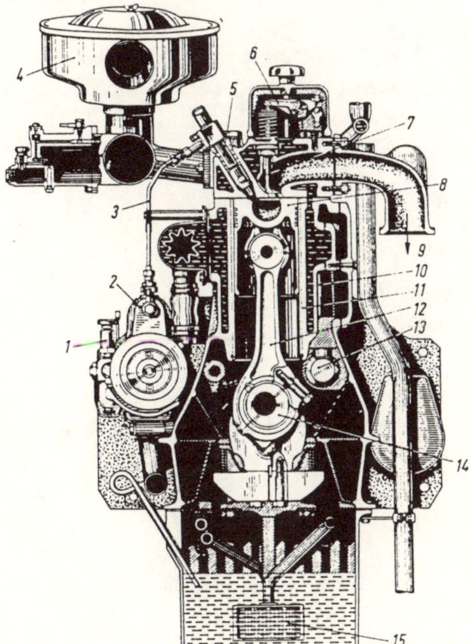

Bild 20.22 Diesel-Motor

1 Kraftstofförderpumpe, 2 Einspritzpumpe, 3 Kraftstoffleitung, 4 Luftfilter, 5 Düsenhalter mit Düse, 6 Kipphebel, 7 Ventil (Auslaß), 8 Kolben, 9 Auspuff, 10 Ventilstoßstange, 11 Zylinder mit Laufbüchse, 12 Pleuelstange, 13 Nockenwelle, 14 Kurbelwelle, 15 Ölwanne mit Ölsieb

21 Ergänzungen

Möglichkeiten der Abgasnachbehandlung

1. *Thermischer Reaktor*

   Durch Lufteinblasung in das Abgas in der Nähe des Auslaßventils erfolgt in einer Brennkammer die Oxidation des noch vorhandenen CO gemäß:

   $$2CO + O_2 \longrightarrow 2CO_2 \tag{21.1}$$

2. *Oxidationskatalysator*

   Oxidationskatalysatoren benötigen ein $\lambda > 1$ (u.U Lufteinblasung). Sie bestehen aus Keramik-Monolithen mit edelmetallbeschichteter Oberfläche (Platin, Rhodium, Palladium). Durch die katalytische Wirkung der Edelmetalle werden die Reaktionstemperaturen erniedrigt, wodurch die folgenden Oxidationsreaktionen beschleunigt werden:

   $$2CO + O_2 \longrightarrow 2CO_2 \tag{21.2}$$

   $$C_xH_y + (x + \frac{y}{4}) \cdot O_2 \longrightarrow x \cdot CO_2 + \frac{y}{2} \cdot H_2O \tag{21.3}$$

3. *Drei-Wege-Katalysator*

   In einem sehr schmalen Bereich um $\lambda = 1$ läßt sich mit Hilfe des Drei-Wege-Katalysators ein fast vollständiger Abbau der Schadstoffe CO, CH und NO_x erreichen (Konversionsrate > 95%). Die Platinbeschichtung des keramischen Monolithen beschleunigt die folgenden Abbaureaktionen:

   $$2CO + O_2 \longrightarrow 2CO_2 \tag{21.4}$$

   $$2NO + 2CO \longrightarrow N_2 + 2CO_2 \tag{21.5}$$

   $$C_xH_y + (x + \frac{y}{4}) \cdot O_2 \longrightarrow x \cdot CO_2 + (\frac{y}{2}) \cdot H_2O \tag{21.6}$$

   $$(\text{leider auch } 2NO + 5H_2 \longrightarrow 2NH_3 + 2H_2O) \tag{21.7}$$

Wie das folgende Bild zeigt, ist zur Erzielung bestmöglicher Konversionsraten die Einhaltung des stöchiometrischen Luftverhältnisses mit großer Genauigkeit erforderlich (etwa ± 0,5 %).

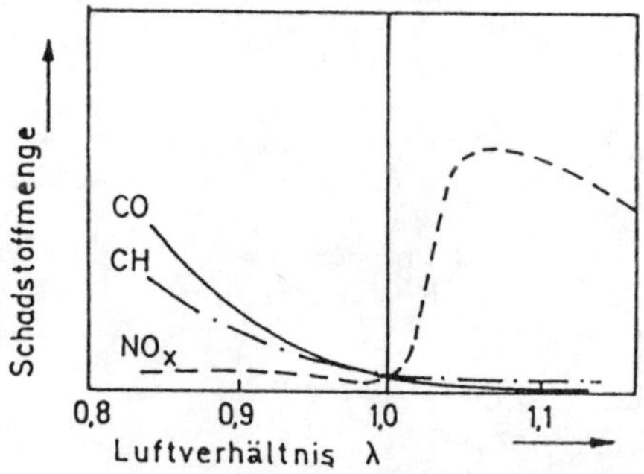

Bild 21.1
Schadstoffemission beim 3-Weg-Katalysator

Hierzu ist eine elektronisch gesteuerte Einspritzanlage mit λ-Regelung notwendig (mögl. auch elektronisch geregelter Vergaser). Zur Regelung wird dabei eine λ-Sonde in den Abgaskrümmer eingebaut, die, ausgehend vom Partialdruck des O_2 im Abgas, beim Wechsel von $\lambda > 1$ auf $\lambda < 1$ einen Spannungssprung an die Regelelektronik ausgibt.(siehe auch Anhang 127)

Rußfilter für Dieselmotoren

Um die Partikel-Emission von Dieselmotoren zu senken, sind derzeit Rußfilter in der Entwicklung. In der Regel wird dabei ein gesinterter Keramikmonolith als Filterelement verwendet. In den Poren des Filters sammeln sich während des Betriebes die Rußteilchen und beginnen das Filter zu verstopfen. Bei ausreichend hoher Temperatur ($> 500^oC$, bei Verwendung von Katalyten (Mn, Cu etc.) bereits bei $> 250^oC$) kann sich der angesammelte Ruß entzünden und das Filter brennt frei. Probleme gibt es bei ausgesprochenem Schwachlastbetrieb, etwa im Stadtverkehr. Hier sind dann besondere Maßnahmen wie motornaher Einbau oder Verwendung von Flammstartern notwendig. Gefahr besteht in der Überhitzung und dem damit verbundenen Durchschmelzen des Filters.

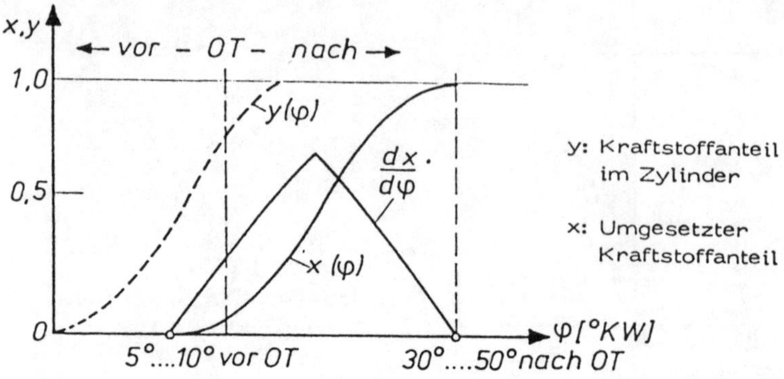

Bild 21.2 Heizgesetz

Zusammenhang zwischen Umsatz des Kraftstoffs und Druckänderung
1. Hauptsatz der Thermodynamik:

$$du = dq + dw \text{ (spezifische Größen, auf die Masse bezogen)} \quad (21.8)$$

$$du = c_v + dT \quad (21.9)$$

$$dw = -pdv \quad (21.10)$$

Mit der allgemeinen Gasgleichung folgt:

$$p \cdot v = R \cdot T \quad = \quad dT = \frac{p}{R}\,dv + \frac{v}{R}\,dp \quad (21.11)$$

weiterhin gilt: $$c_v = \frac{R}{\kappa - 1} \quad (21.12)$$

Mit den Gleichungen (21.8), (21.9), (21.10), (21.11) und (21.12) folgt:

$$\frac{R}{\kappa - 1} \cdot \left(\frac{p}{R}dv + \frac{v}{R}dp\right) = dq - pdv \quad (21.13)$$

$$dq = \frac{1}{\kappa - 1} \cdot (pdv + vdp) + pdv$$

$$= \frac{1}{\kappa - 1} \cdot [pdv + (\kappa - 1) \cdot pdv + vdp] \quad (21.14)$$

$$dq = \frac{1}{\kappa - 1} \cdot (\kappa \cdot pdv + vdp)\ ;\ dq = m_{B_{sp}} \cdot H_u \cdot dx \quad (21.15)$$

Umformen nach dp und erweitern mit $1/d\varphi$

$$\frac{dp}{d\varphi} = \frac{(\kappa - 1) \cdot m_{B_{sp}} \cdot H_u}{v} \cdot \frac{dx}{d\varphi} - \frac{\kappa \cdot p}{v} \cdot \underbrace{\frac{dv}{d\varphi}}_{\substack{\text{Zylindervolumenänderung} \\ \text{in OT-Nähe} \approx 0}} \quad (21.16)$$

Fazit

$$\frac{dp}{d\varphi} \sim \frac{dx}{d\varphi} \quad (21.17)$$

1.) *Ausgleich der rotierenden Massen bei Mehrzylindertriebwerken*
Beispiel: 4-Zylinder-Reihe

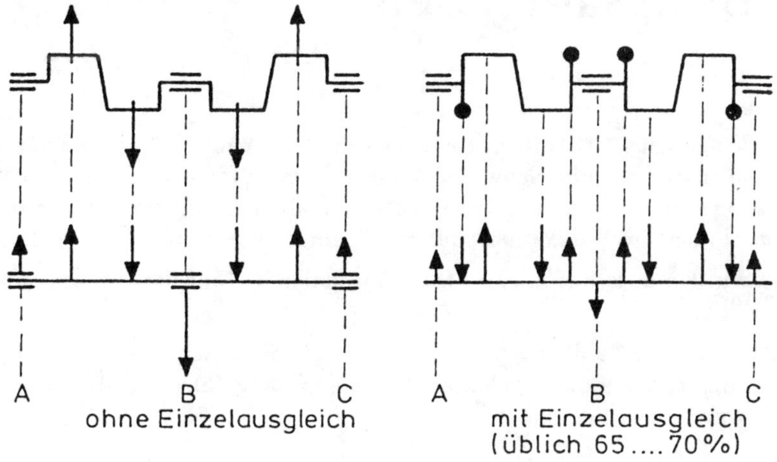

Bild 21.3 Ausgleich der rotierenden Massen

2.) *Verhältnis F/Gewicht von oszillierenden Bauteilen*

Bsp. A r=115

n=1500 min^{-1}, ω^2=24674

$$\frac{F_{I_{max}}}{Gew_{osz}} = \frac{1}{g} \cdot r\omega^2 = \frac{1}{9,81} \cdot 0,115 \cdot 24674 = \underline{290}$$

Bsp. B r=40

n=7000 min^{-1}, ω^2=537400

$$\frac{F_{I_{max}}}{Gew_{osz}} = \underline{2200}$$

$$F_{I_{max}} = m_{osz} \cdot r\omega^2 \cdot \underbrace{\cos}_{1 \text{ in OT}} \omega t$$

22 Übungsaufgaben

Die folgenden Aufgaben sind als Rechenbeispiele zu den einzelnen Kapiteln des Kollegs gedacht. Sie entsprechen im Schwierigkeitsgrad den Aufgaben, die in den Übungen zur Vorlesung gerechnet werden. Die Klausuraufgaben zur Prüfung „Grundlagen der Kolbenmaschinen“ im Vorexamen sind im allgemeinen etwas einfacher gehalten.

Die Aufgaben wurden ausschließlich im Internationalen SI-Einheitensystem gerechnet.

Bei den Gleichungen der Zahlenlösungen sind dort, wo es zweckmäßig erschien, neben den Zahlenwerten auch die zugehörigen Einheiten aufgeführt, um für Anfänger unnötige Fehlerquellen zu vermeiden.

1. Aufgabe

Ein Fahrzeug mit Viertakt-Dieselmotor fährt mit eingelegtem Gang und abgestellter Kraftstoffzufuhr einen Berg mit 10 % Steigung hinunter. Die Fahrzeugmasse betrage m = 1500 kg und der Hubraum des Motors $V_H = 2,2\ dm^3$ bei einem Verdichtungsverhältnis von $\varepsilon = 19$

a) Wie groß sind Kompressionsdruck p_2 und -temperatur t_2 sowie Expansionsdruck p_3 und -temperatur t_3?

b) Welche Bremsarbeit kann der Motor aufbringen, wenn die mit $p_1 = 1$ bar und $t_1 = 45^oC$ angesaugte Luft zunächst mit $n_1 = 1,35$ polytrop verdichtet und anschließend mit $n_2 = 1,40$ polytrop entspannt wird? (Die Gaswechselarbeit sei hier vernachlässigt.)

c) Wie groß wird die Fahrzeuggeschwindigkeit v, wenn Motordrehzahl $n = 41,7\ s^{-1}[= 2500\ min^{-1}]$ beträgt? (Luftwiderstand und Radreibung vernachlässigt!)

Lösung

a) Kompression 1-2:

$$p_1 \cdot v_1^{n_1} = p_2 \cdot v_2^{n_1}$$

$$\frac{p_2}{p_1} = \left(\frac{v_1}{v_2}\right)^{n_1} = \varepsilon^{n_1}$$

Kompressionsenddruck p_2:

$$p_2 = p_1 \cdot \varepsilon^{n_1}$$

$$p_2 = 1\ [bar] \cdot 19^{1,35} = \underline{53,2\text{bar}}$$

Kompressionstemperatur: $T_2 = T_1 \cdot \varepsilon^{n-1}$

$$T_2 = 318\ [K] \cdot 19^{0,35} = \underline{891\text{ K}}$$

Expansion 2-3

$$p_2 \cdot v_2^{n_2} = p_3 \cdot v_3^{n_2} \qquad \frac{p_2}{p_3} = \left(\frac{V_3}{V_2}\right)^{n_2} = \varepsilon^{n_2}$$

Expansionsdruck: $p_3 = p_2 \cdot \varepsilon^{-n_2}$

$$p_3 = 53,2\ [\text{bar}] \cdot 19^{-1,4} = \underline{0,86\text{ bar}}$$

Expansionsendtemperatur $T_3 = T_2 \cdot \varepsilon^{1-n_2}$

$$T_3 = 891\ [\text{K}] \cdot 19^{-0,4} = \underline{274\ K}$$

b) Bremsarbeit

Kompressionsarbeit (Polytropenarbeit)

$$W_{1,2} = \frac{p_1 \cdot V_1}{n_1 - 1} \cdot \left[1 - \left(\frac{V_1}{V_2}\right)^{n_1 - 1}\right] = \frac{p_1 \cdot V_1}{n_1 - 1} \cdot \left[1 - \varepsilon^{n_1 - 1}\right]$$

Anfangsvolumen $V_1 = V_H + V_K$

$$V_K = V_2 = \frac{V_H}{\varepsilon - 1} = \frac{2{,}2\,[dm^3]}{18} = 0{,}122\; dm^3$$

$$V_1 = 2{,}2\,[dm^3] + 0{,}122\,[dm^3] = 2{,}322\; dm^3$$

$$W_{1,2} = \frac{1\,[bar] \cdot 10^5\,[N/m^2 bar] \cdot 2{,}322\,[dm^3] \cdot 10^{-3}\,[m^3/dm^3]}{1{,}35 - 1} \cdot \left[1 - 19^{0,35}\right]$$

$W_{1,2} = -1196$ Nm

Expansionsarbeit:

$$W_{2,3} = \frac{p_2 \cdot V_2}{n_2 - 1} \cdot \left[1 - \left(\frac{V_2}{V_1}\right)^{n_2 - 1}\right] = \frac{p_2 \cdot V_2}{n_2 - 1} \cdot \left[1 - \varepsilon^{1 - n_2}\right]$$

$$W_{2,3} = \frac{53{,}2\,[bar] \cdot 10^5\,[N/m^2 bar] \cdot 0{,}122\,[dm^3] \cdot 10^{-3}\,[m^3/dm^3]}{1{,}4 - 1} \cdot \left[1 - 19^{-0,4}\right]$$

$W_{2,3} = 1123$ Nm

$W_B = W_{1,2} + W_{2,3} = -1196\,[\text{Nm}] + 1123\,[\text{Nm}]$

$W_B = \underline{-73\ \text{Nm}}$

c) Fahrzeuggeschwindigkeit:

Bremsleistung
mit a = 2 Kurbelwellenumdrehungen pro Arbeitsspiel)

$$P_B = \frac{W_B \cdot n}{2} = \frac{-73\,[\text{Nm}] \cdot 41{,}7\,[s^{-1}]}{2} = -1522 W$$

$|P_B| = m \cdot g \cdot \sin\alpha \cdot v$

$$v = \frac{|P_B|}{m \cdot g \cdot \sin\alpha} = \frac{1522\,[W]}{1500\,[kg] \cdot 9{,}81\,[m/s^2] \cdot 0{,}1} = \underline{1{,}03\; m/s}$$

(mit $\sin\alpha \approx \tan\alpha$ für kleine Winkel)

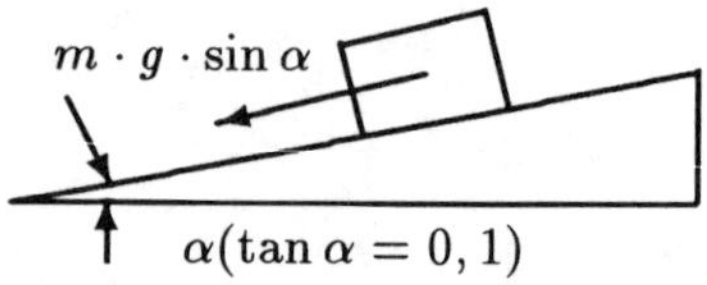

2. Aufgabe

An einem Vierzylinder-Viertakt-Ottomotor ($V_H = 1,76\ dm^3, \varepsilon = 10,2$) wurden auf dem Prüfstand folgende Daten ermittelt:

Drehzahl	n	=	91,7 s^{-1} (=5502 $\min^{-1}$)
Bremslast	F_B	=	127,8 N
Hebelarm	l	=	1m
stündl. Kraftstoffverbr.	$\dot{m}_B$	=	20,8 kg/h
unterer Heizwert	H_u	=	43545 kJ/kg

Bei elektronischer Indizierung des Zylinders 1 ergab sich eine Diagrammfläche von umgerechnet $W_i = 506$ Nm.
Gesucht sind:

a) Nutzleistung P_e

b) Nutzmitteldruck p_e

c) spez. Kraftstoffverbr. b_e

Außerdem sind zu berechnen:

d) mechanischer Wirkungsgrad η_m

e) Gütegrad η_g (bezogen auf den vollkommenen Gleichraumprozeß für Luft mit $\kappa = 1,4$

f) Reibleistung P_r

g) Innenwirkungsgrad η_i

Lösung

a) Nutzleistung P_e:

$$P_e = M \cdot \omega = M \cdot 2 \cdot \pi \cdot n = F_B \cdot l \cdot 2 \cdot \pi \cdot n$$

$$P_e = 127,8\ [N] \cdot 1\ [m] \cdot 2 \cdot \pi \cdot 91,7\ [s^{-1}] \cdot 10^{-3}\ [kW/W]$$

$$P_e = \underline{73,6\ \text{kW}}$$

b) Nutzmitteldruck p_e:

$$p_e = \frac{P_e \cdot a \cdot 10}{V_H \cdot n} \qquad \text{(Zahlenwertgleichung!)}$$

$$p_e = \frac{73,6\ [kW] \cdot 2 \cdot 10}{1,76\ [dm^3] \cdot 91,7\ [s^{-1}]} = \underline{9,12\ \text{bar}}$$

c) Spez. Kraftstoffverbrauch b_e:

$$b_e = \frac{\dot{m}_B}{P_e} = \frac{20,8\ [kg/h]}{73,6\ [kW]} = \underline{0,283\ \text{kg/kWh}}$$

d) mechanischer Wirkungsgrad η_m

$$p_i = \frac{W_i \cdot z}{V_H} = \frac{506\,[Nm] \cdot 4 \cdot 10^{-5}\,[bar/N/m^2]}{1,76\,[dm^3] \cdot 10^{-3}\,[m^3/dm^3]} = 11{,}5 \text{ bar}$$

$$\eta_m = \frac{p_e}{p_i} = \frac{9,12\,[bar]}{11,5\,[bar]} = \underline{0,793 \widehat{=} 79,3\%}$$

e) Gütegrad η_g:

$$\eta_g = \frac{\eta_e}{\eta_v \cdot \eta_m}$$

$$\eta_e = \frac{3600}{b_e \cdot H_u} = \frac{3600\,[s/h]}{0,283\,[kg/kW \cdot h] \cdot 43545\,[kJ/kg]}$$

$$\eta_e = 0,292 \widehat{=} 29,2\%$$

$$\eta_v = 1 - \frac{1}{\varepsilon^{\kappa-1}} = 1 - \frac{1}{10,2^{0,4}} = 0,605 \widehat{=} 60,5\%$$

$$\eta_g = \frac{0,292}{0,605 \cdot 0,793} = \underline{0,609 \widehat{=} 60,9\%}$$

f) Reibleistung P_r:

$$P_r = P_i - P_e$$

$$P_i = \frac{P_e}{\eta_m} = \frac{73,6\,[kW]}{0,793} = 92,8$$

$$P_r = 92,8\,[kW] - 73,6\,[kW] = \underline{19{,}2 \text{ kW}}$$

g) Innenwirkungsgrad η_i

$$\eta_i = \frac{\eta_e}{\eta_m} = \frac{0,292}{0,793} = \underline{0,368 \widehat{=} 36,8\%}$$

3. Aufgabe

An einem Sechzylinder-Zweitakt-Schiffsdieselmotor mit dem Hubvolumen $V_H = 1227 dm^3$ wurde bei $n = 3,75 s^{-1}$ ($= 225 min^{-1}$) und Vollast ein Kraftstoffverbrauch von $\dot{m} = 864$ kg/h gemessen, was einem spez. Kraftstoffverbrauch von $b_e = 0,217$ kg/kWh entspricht. Bei gleicher Drehzahl und verschiedenen Teillasten (Annahme: $\eta_i =$ const.) wurden folgende Kraftstoffverbräuche gemessen:

p_e [bar]	2,16	4,32	6,48
$\dot{m}_B$ [kg/h]	261	440	619

a) Gesucht sind: Nutzleistung P_e für Vollast
Nutzmitteldruck p_e für Vollast
Reibungsmitteldruck p_r
Indizierter Mitteldruck p_i für Vollast
mechanischer Wirkungsgrad η_m
Leerlaufverbrauch $\dot{m}_{Bo}$

b) Der Motor wird in ein Schiff eingebaut (Belastung nach Propellerkurve). Welche Drehzahl stellt sich ein, wenn eine Einspritzleitung (z.B. Zylinder 1) gebrochen ist? Dabei soll vorausgesetzt werden, daß der Innendruck der restlichen Zylinder konstant bleibt und der Reibungsmitteldruck sich proportional der Drehzahl ändert.
Welche Nutzleistung wird an die Schraube abgegeben?

Lösung

a) Nutzleistung P_e:

$$P_e = \frac{\dot{m}_B}{b_e} = \frac{864\ [kg/h]}{0,217\ [kg/kW \cdot h]} = \underline{3982\ \text{kW}}$$

Nutzmitteldruck p_e:

$$p_e = \frac{P_e \cdot a \cdot 10}{V_H \cdot n} \qquad \text{(Zahlenwertgleichung!)}$$

$$p_e = \frac{3982\ [kW] \cdot 1 \cdot 10}{1227\ [dm^3] \cdot 3,75\ [s^{-1}]} = \underline{8{,}65\ \text{bar}}$$

Reibungsmitteldruck p_r:

$$\eta_i = \frac{P_i \cdot 3600}{\dot{m}_B \cdot H_u} = \frac{(P_e + P_r) \cdot 3600}{\dot{m}_B \cdot H_u} = \frac{(p_e + p_r) \cdot 3600}{\dot{m}_B \cdot H_u \cdot a \cdot 10} = \text{const.}$$

daher gilt:

$$\frac{p_{e1} + p_r}{\dot{m}_{B1}} = \frac{p_{e2} + p_r}{\dot{m}_{B2}} \text{ für n = const.}$$

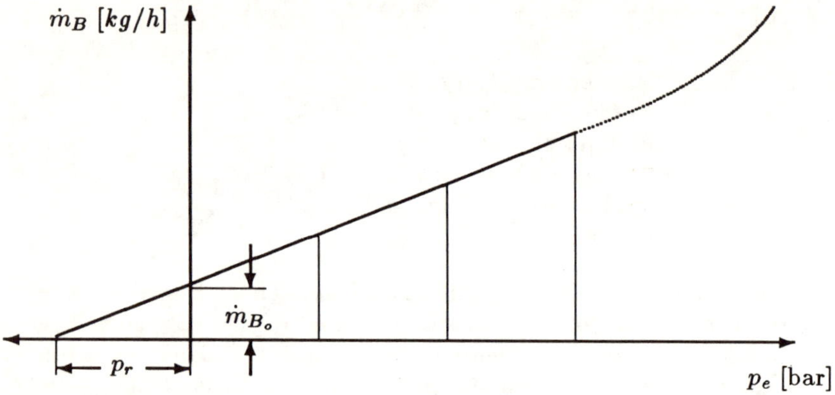

Die Bedingung η_i = const. ist für niedrige Teillasten am besten erfüllt. Daher werden die beiden unteren Meßwerte zur Berechnung von p_r verwendet.

$$\frac{2,16 + p_r}{261} = \frac{4,32 + p_r}{440} \qquad p_r = \underline{0,989 \text{ bar}}$$

Indizierter Mitteldruck p_i:

$$p_i = p_e + p_r = 8,65\ [bar] + 0,989\ [bar] = \underline{9,639 \text{ bar}}$$

Mechanischer Wirkungsgrad η_m:

$$\eta_m = \frac{p_e}{p_i} = \frac{8,65\ [bar]}{9,639\ [bar]} = \underline{0,897} \widehat{=} \underline{89,7\%}$$

Leerlaufverbrauch (p_e = 0 bar)

$$\frac{p_r}{\dot{m}_{Bo}} = \frac{p_r + 2,16}{216} \longrightarrow \dot{m}_{Bo} = \frac{261\ [kg/h] \cdot 0,989\ [bar]}{0,989\ [bar] + 2,16\ [bar]} = \underline{81,97 \text{ kg/h}}$$

b) Drehzahl nach Bruch einer Einspritzleitung

Propellerkurve: $\frac{p_{e1}}{p_{e2}} = \left(\frac{n_1}{n_2}\right)^2 \qquad \frac{p_{r1}}{p_{r2}} = \frac{n_1}{n_2}$

Normal arbeitender Motor (Vollast) - Zustand 1:

$$p_i = p_{e1} + p_{r1} \qquad \text{Gl. I}$$

Einspritzleitung Zyl. 1 gebrochen - Zustand 2:

$$\frac{5}{6} \cdot p_i = p_{e2} + p_{r2} \qquad \text{Gl. II}$$

Umformen und Gleichsetzen von Gl. I und II:

$$5p_{e1} + 5p_{r1} = 6p_{e2} + 6p_{r2}$$

$$5p_{e1} + 5p_{r1} = 6p_{e1} \cdot \left(\frac{n_2}{n_1}\right)^2 + 6p_{r1} \cdot \left(\frac{n_2}{n_1}\right)$$

$$\left(\frac{n_2}{n_1}\right)^2 + \frac{p_{r1}}{p_{e1}} \cdot \frac{n_2}{n_1} - \left(\frac{5}{6} + \frac{5 \cdot p_{r1}}{6 \cdot p_{e1}}\right) = 0$$

Zahlenwerte:

$$\left(\frac{n_2}{n_1}\right)^2 + \frac{0,989}{8,65} \cdot \frac{n_2}{n_1} - \left(\frac{5}{6} + \frac{5 \cdot 0,989}{6 \cdot 8,65}\right) = 0$$

$$\frac{n_2}{n_1} = 0,909$$

$$n_2 = 0,909 \cdot 3,75\ [s^{-1}] = \underline{3,41\ [s^{-1}]} = \underline{204,6\ min^{-1}}$$

Nutzleistung Zustand 2:

$$p_{r2} = p_{r1} \cdot \frac{n_2}{n_1} = 0,989\ [bar] \cdot 0,909 = 0,899\ [bar]$$

$$p_{e2} = \frac{5}{6} \cdot p_i - p_{r2} = \frac{5}{6} \cdot 9,639\ [bar] - 0,899\ [bar] = 7,134\ bar$$

$$p_{e2} = \frac{p_{e2} \cdot V_H \cdot n_2}{a \cdot 10} \qquad \text{(Zahlenwertgleichung)}$$

$$p_{e2} = \frac{7,134\ [bar] \cdot 1227\ [dm^3] \cdot 3,41\ [s^{-1}]}{1 \cdot 10} = \underline{2985\ kW}$$

4. Aufgabe

Ein Vierzylinder-Zweitakt-Dieselmotor ($V_H = 7,5 dm^3$) hat bei einer Drehzahl n = 30 s^{-1} einen stündlichen Kraftstoffverbrauch von $\dot{m}_B$ = 25,5 kg/h. An der Wasserwirbelbremse, die die Leistung des Motors aufnimmt, wird bei einem Hebelarm von l = 1 m eine Last von F_B = 586 N abgelesen.

a) Wie groß sind die Leistung P_e und der Nutzmitteldruck p_e?

b) Der Motor saugt pro Stunde ein Luftvolumen von L = 1320 m^3/h bei einer Temperatur von $t_a = 20°C$ und einem Druck von p_a = 1 bar an. Zur Bestimmung der überspülten Luftmenge wurde der Frischluft 2,5 Vol % Butan zugesetzt. Der in den Zylinder gelangende Butan-Anteil verbrennt vollständig. Im Abgas wurden auf Grund der Überspülung noch 1,6 Vol % Butan gemessen. (Annahme: $L_Z \approx A_Z$). Wie groß sind der Luftaufwand ψ, der Fanggrad α, der Liefergrad λ_{Ln} und das Luftverhältnis λ? ($L_{min} = 10,54\ m_n^3/kg$)

c) Bei Abschluß der Schlitze nimmt das Gas in einem Zylinder das Volumen $V_1 = 1,39\ dm^3$ ein. Druck und Temperatur der Ladung wurden zu diesem Zeitpunkt zu $p_1 = 1,128$ bar und $t_1 = 89°C$ bestimmt.
Wie groß sind die relative Gesamtladung λ_g und der Spülwirkungsgrad λ_s?

Anmerkung: Als Normzustand ist p_n = 1,013 bar und $t_n = 0°C$ definiert.

Lösung

a) Nutzleistung P_e:

$$P_e = M \cdot \omega = M \cdot 2\pi \cdot n = F_B \cdot l \cdot 2\pi \cdot n$$
$$P_e = 586\,[N] \cdot 1\,[m] \cdot 2\pi \cdot 30\,[s^{-1}] \cdot 10^{-3}\,[kW/W] = \underline{110,5\ kW}$$

Nutzmitteldruck p_e:

$$p_e = \frac{P_e \cdot a \cdot 10}{n \cdot V_H}$$
$$p_e = \frac{110,5\,[kW] \cdot 1 \cdot 10}{30\,[s^{-1} \cdot 7,5\,[dm^3]} = \underline{4,9\ \text{bar}}$$

b) Gesamtluftmenge L_n bezogen auf Normzustand:

$$L_n = L \cdot \frac{p_a \cdot T_n}{p_n \cdot T_a}$$
$$L_n = 1320\,[m^3/h] \cdot \frac{1\,[\text{bar}] \cdot 273\,[K]}{1,013\,[\text{bar}] \cdot 293\,[K]} = 1214\ m_n^3/h$$

Stündliches Hubvolumen $V_{H_{Std}}$:

$$V_{H_{Std}} = V_H \cdot n \cdot \frac{1}{a}$$
$$V_{H_{Std}} = 7,5\,[dm^3] \cdot 30\,[s^{-1}] \cdot 1 \cdot 10^{-3}\,[m^3/dm^3] \cdot 3600\,[s/h] = \underline{810\ m^3/h}$$

Luftaufwand ψ:

$$\psi = \frac{L_n}{V_{H_{Std}}} = \frac{1214\ [m_n^3/h]}{810\ [m^3/h]} = \underline{1,5\ m_n^3/m^3}$$

Fanggrad α

Dazu Butanbilanz:

Frischluft Butan Vol %: $B' = \frac{m_{Bu}}{L_z + L_A} = 0,025$

Abgas Butan Vol %: $B''' = 0,016$

m_{Bu} = zugesetzte Butanmenge $[m_n^3]$

Butanmenge in Kurzschlußmenge $L_A \stackrel{!}{=}$ Butanmenge im Auspuff $(A_Z + L_A)$

$$B' \cdot L_A \stackrel{!}{=} B''' \cdot (A_Z + L_A)$$

Mit der Annahme:

$$A_Z \approx \quad L_Z \text{ (s.S 70)}$$

$$L_Z = \frac{B' - B'''}{B'''}$$

$$\alpha = \frac{L_Z}{L_Z + L_A} = \frac{L_A \cdot \frac{B'-B'''}{B'''}}{L_A \cdot \frac{B'-B'''}{B'''} + L_A} = \frac{B' - B'''}{B'} = 1 - \frac{B'''}{B'}$$

$$\alpha = 1 - \frac{0,016}{0,025} = \underline{0,36}$$

Liefergrad λ_{Ln}:

$$\lambda_{Ln} = \psi \cdot \alpha = 1,5\ [m_n^3/m^3] \cdot 0,36 = \underline{0,54\ m_n^3/m^3}$$

Luftverhältnis λ:

$$\lambda = \frac{L_Z}{\dot{m}_B \cdot L_{min}} = \frac{\alpha \cdot L_n}{\dot{m}_B \cdot L_{min}}$$

$$\lambda = \frac{0,36 \cdot 1214\ [m_n^3/h]}{25,5\ [kg/h] \cdot 10,54\ [m_n^3/kg]} = \underline{1,63}$$

c) Relative Gesamtladung λ_g:

Gasmenge im Zylinder:

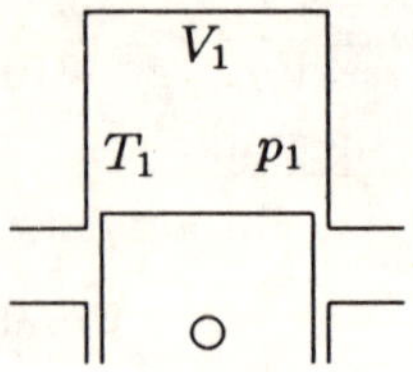

$$m = \frac{p_1 \cdot V_1}{R \cdot T_1} = \frac{p_n \cdot (L_Z + R_z)}{R \cdot T_n}$$

$$L_Z + R_Z = V_1 \cdot \frac{p_1 \cdot T_n}{T_1 \cdot p_n}$$ (bezogen auf einen Zylinder und ein Arbeitsspiel)

$$\lambda_g = \frac{L_Z + R_Z}{V_h} = \frac{4}{V_H} \cdot V_1 \cdot \frac{p_1 \cdot T_n}{T_1 \cdot p_n}$$

$$\lambda_g = \frac{4 \cdot 1,39\,[dm^3] \cdot 1,128\,[\text{bar}] \cdot 273\,[K]}{7,5\,[dm^3] \cdot 362\,[K] \cdot 1,013\,[\text{bar}]} = \underline{0,623\ m_n^3/m^3}$$

Spülwirkungsgrad λ_s:

$$\lambda_s = \frac{\lambda_{Ln}}{\lambda_g} = \frac{0,54}{0,622} = \underline{0,868}$$

5. Aufgabe

Ein Viertakt-Ottomotor (n = 86,7 s^{-1} = 5202 min^{-1}) hat folgende geometrische Abmessungen:

Bohrung	D	=	72 mm
Hub	s	=	73,5 mm
Pleuellänge	L	=	132,5 mm

Massen:

Kolben (AlSi-Leg.)		m_K	=	0,302 kg
Kolbenbolzen (Nitrierstahl)		m_{KB}	=	0,085 kg
2 Sicherungsringe	je	m_S	=	0,002 kg
3 Kolbenringe	gesamt	m_{KR}	=	0,060 kg
Pleuelstange (Vergütungsstahl)		m_{Pl}	=	0,725 kg
rot. Wangenanteil + Kurbelz.		m_W	=	0,420 kg

a) Wie groß sind die maximalen Massenkräfte pro Zylinder?

b) Wie groß muß die Ausgleichsmasse $m_{g_{rot}}$ zum Ausgleich der rotierenden Massenkräfte F_{rot} sein, wenn es am Radius r_g = 30 mm angreift? Wie groß werden die maximalen Massenkräfte nach Ausgleich der rotierenden Massen?

c) Welches zusätzliche Gegengewicht müßte angebracht werden, damit die Massenkraft I. Ordnung zur Hälfte ausgeglichen ist? (Einfachster Ausgleich der oszillierenden Massen.)
Wie groß wäre dann die restliche maximale Massenkraft?

d) Bei welcher Kurbelstellung tritt die höchste Zugkraft in der Pleuelstange auf? Welche Größe hat diese maximale Zugkraft?

e) Um wieviel Prozent geht die maximale Zugkraft zurück, wenn Pleuel aus einer Al-Legierung ($\rho = 2,7\ kg/dm^3$) verwendet werden? ($\rho_{St} = 7,85\ kg/dm^3$)

Lösung

a) Maximale Massenkräfte

Aufteilung der Pleuelmasse nach Bild 16.2:

$$m_{Pl} = \underbrace{\frac{1}{3} \cdot m_{Pl}}_{\text{osz}} + \underbrace{\frac{2}{3} \cdot m_{Pl}}_{\text{rot}}$$

$$m_{Pl_{osz}} = \frac{0,725}{3} = 0{,}242 \text{ kg}$$

$$m_{Pl_{rot}} = \frac{0,725 \cdot 2}{3} = 0{,}483 \text{ kg}$$

$$m_{osz} = m_K + m_{KB} + 2 \cdot m_S + m_{KR} + m_{Pl_{osz}}$$

$$m_{osz} = 0,302 + 0,085 + 0,004 + 0,060 + 0,242 = 0,693 \text{ kg}$$

$$m_{rot} = m_{Pl_{rot}} + m_W = 0,483 + 0,420 = 0,903 \text{ kg}$$

Winkelgeschwindigkeit $\omega = 2 \cdot \pi \cdot n = 2 \cdot \pi \cdot 86,7 = 544,8\ s^{-1}$

Kurbelradius $r = \frac{s}{2} = \frac{73,5}{2} = 36,75$ mm

Pleuelstangenverh. $\lambda = \frac{r}{L} = \frac{36,75}{132,5} = 0,277$

Rotierende Massenkraft (unabhängig von der Kurbelstellung):

$F_{rot} = m_{rot} \cdot \omega^2 \cdot r$

$F_{rot} = 0,903\ [kg] \cdot (544,8)^2\ [s^{-2}] \cdot 36,75 \cdot 10^{-3}\ [m] = 9850$ N

Oszillierende Massenkraft:

$$F_{osz} = m_{osz} \cdot \omega^2 \cdot r \cdot (\underbrace{\cos \omega t}_{I.} + \underbrace{\lambda \cdot \cos 2\omega t}_{II. Ordnung})$$

Maximalkraft in OT: $\cos 0^o = 1$!

$F_{max} = F_I + F_{II} = m_{osz} \cdot \omega^2 \cdot r \cdot (1 + \lambda)$

$F_{max} = 0,693\ [kg] \cdot (544,8)^2\ [s^{-2}] \cdot 36,75 \cdot 10^{-3}\ [m] \cdot (1 + 0,277) = 9653$ N

Gesamte Massenkraft in OT

$F_{ges} = F_{rot} + F_{max}$

$F_{ges} = 9850 + 9653 = \underline{19503\ N}$

b) Ausgleichsmasse

$m_{g_{rot}} = m_{rot} \cdot \frac{r}{r_g} = 0,903\ [kg] \cdot \frac{36,75\ [mm]}{30\ [mm]} = \underline{1,106\ kg}$

Maximale Massenkraft nach Ausgleich der rotierenden Massen:

$F'_{ges} = F_{max} = \underline{9653\ N}$

c) Ausgleich der halben Massenkraft I. Ordnung:

Für OT gilt: $\frac{1}{2} F_{I_{max}} = m_{g_{zus}} \cdot \omega^2 \cdot r_g$

$m_{g_{zus}}$ = zusätzlich an r_g anzubringende Masse

$$m_{g_{zus}} = \frac{F_{I_{max}}}{2 \cdot \omega^2 \cdot r_g} = \frac{m_{osz} \cdot \omega^2 \cdot r}{2 \cdot \omega^2 \cdot r_g} = \frac{m_{osz}}{2} \cdot \frac{r}{r_g}$$

$$m_{g_{zus}} = \frac{0,693\ [kg]}{2} \cdot \frac{36,75\ [mm]}{30\ [mm]} = \underline{0,424\ kg}$$

Restliche max. Massenkraft:

$$F_{rest} = m_{osz} \cdot \omega^2 \cdot r \cdot \left(\frac{1}{2} + \lambda\right)$$

$F_{rest} = 0,693\ [kg] \cdot (544,8)^2\ [s^{-2}] \cdot 36,75 \cdot 10^{-3}\ [m] \cdot (0,5 + 0,277) = \underline{5873\ N}$

d) Maximale Zugkraft in der Pleuelstange:

Die maximale Zugkraft tritt im Gaswechsel-OT auf, wenn die Massenkräfte nicht durch die Gaskräfte entlastet werden. Diese Kraft beträgt dann

$F_{max} = \underline{9653\ N}$

e) Pleuel aus Al-Legierung

$$m'_{Pl_{osz}} = m_{Pl_{osz}} \cdot \frac{\rho}{\rho_{St}}$$

$$m'_{Pl_{osz}} = 0,242\ [kg] \cdot \frac{2,7\ [kg/dm^3]}{7,85\ [kg/dm^3]} = 0,083\ kg$$

$$m'_{osz} = 0,302 + 0,085 + 0,004, 0,060 + 0,083 = 0,534\ kg$$

$$F'_{max} = 0,534\ [kg] \cdot (544,8)^2\ [s^{-2}] \cdot 36,75 \cdot 10^{-3}\ [m] \cdot (1 + 0,277) = 7438\ N$$

$$\frac{F'_{max}}{F_{max}} = \frac{7438\ [N]}{9653\ [N]} = 0,771$$

Die Zugkraft in der Pleuelstange geht um 22,9 % zurück.

6. Aufgabe

Ein Einscheiben-Kreiskolbenmotor 2:3 hat folgende geometrische Daten:

Teilkreisradius Ritzel	r_o	=	28 mm
Kammerbreite	B_m	=	68 mm
K-Faktor	K	=	7,14

a) Wie groß ist das (unkorrigierte) Kammerhubvolumen V_{KH}?

b) Wie groß sind Drehmoment M und Nutzmitteldruck p_e, wenn der Motor bei Vollast und $n_E = 100\ s^{-1}$ eine Nutzleistung von $P_e = 39,7\ kW$ abgibt?

c) Wie groß sind dann die Kolbendrehzahl n_K und die mittlere Dichtleistengeschwindigkeit v_m?

d) Wie groß ist die Motorelastizität E, wenn bei $n_E = 58,3\ s^{-1}$ das maximale Motormoment von $M_{max} = 77,5$ Nm auftritt?

Lösung

a) Kammerhubvolumen V_{KH}:

$$V_{KH} = 3 \cdot \sqrt{3} \cdot B_m \cdot R_r \cdot E_r$$

$$E_r = R_o - r_o = 3/2 \cdot r_o - r_o = 1/2 \cdot r_o = 14\ mm$$

$$R_r = K \cdot E_r = 7,14 \cdot 14 = 100\ mm$$

$$V_{KH} = 3 \cdot \sqrt{3} \cdot 68 \cdot 100 \cdot 14 = 494674\ mm^3 = \underline{0,495\ dm^3}$$

b) Nutzmitteldruck p_e:

$$p_e = \frac{a \cdot p_e \cdot 10}{V_H \cdot n_E}$$

mit a = 3 Wellenumdr./Spiel und $V_H = 3 \cdot V_{KH}$:

$$p_e = \frac{P_e \cdot 10}{V_{KH} \cdot n_E} = \frac{39,7\ [kW] \cdot 10}{0,495\ [dm^3] \cdot 100\ [s^{-1}]} = \underline{8,02\ \text{bar}}$$

Drehmoment M:

$$M = \frac{100}{2 \cdot \pi} \cdot p_e \cdot V_{KH} \qquad \text{(s.S. 96)}$$

$$M = \frac{100}{2 \cdot \pi} \cdot 8,02\ [\text{bar}] \cdot 0,495\ [dm^3] = \underline{63,2\ Nm}$$

c) Kolbendrehzahl n_K:

$$\frac{\omega_E}{\omega_K} = \frac{n_E}{n_K} = \frac{3}{1} \qquad \text{(s.S. 92)}$$

$$n_K = \frac{n_E}{3} = \frac{100}{3} = \underline{33,3\ s^{-1}}$$

mittlere Dichtleistengeschwindigkeit v_m:

$$v_m = \frac{2 \cdot \pi \cdot n_E}{3} \cdot R_r$$

$$v_m = \frac{2 \cdot \pi \cdot 100\ [s^{-1}]}{3} \cdot 0,1\ [m] = \underline{20,9\ m/s}$$

d) Motorelastizität E:

$$\mathrm{E} = \frac{M_{max}}{M_{nenn}} \cdot \frac{n_{nenn}}{n_{max}}$$

$$\mathrm{E} = \frac{77,5\ [Nm]}{63,2\ [Nm]} \cdot \frac{100\ [s^{-1}]}{58,3\ [s^{-1}]} = \underline{2,1}$$

7. Aufgabe

Für eine Nutzleistung von $P_e = 75$ kW sind auszulegen:

a) ein sportlicher Viertakt-Ottomotor für einen Pkw
b) ein Viertakt-Dieselmotor für ein Drehstromaggregat.

Lösung

a) Nach den Angaben im Anhang S. 120 werden gewählt:

Drehzahl: n $= 90\ s^{-1} = 5400\ min^{-1}$

Literleistung: $\frac{P_e}{V_H} = 38\ kW/l = 38\ kW/dm^3$

Hub/Bohrung -Verhältnis s/D = 0,85

Berechnung des Nutzmitteldrucks p_e [bar]:

$$p_e = \frac{P_e\ [kW] \cdot a \cdot 10}{V_H\ [dm^3] \cdot n\ [s^{-1}]} = 38\ [kW/dm^3] \cdot \frac{2 \cdot 10}{90\ [s^{-1}]} = 8,44 \text{ bar}$$

Berechnung des Hubvolumens V_H $[dm^3]$:

$$V_H = \frac{P_e}{P_e/V_H} = \frac{75\ [kW]}{38\ [kW/dm^3]} = 1,974\ dm^3$$

Die obere Grenze für das Zylinder-Hubvolumen liegt für Fahrzeug-Ottomotoren aus wirtschaftlichen und technischen Gründen etwa bei $0,5\ dm^3/Zyl.$. Daher wird die Zylinderzahl zu z = 4 gewählt und es ergibt sich ein Zylinder-Hubvolumen von $V_h = 0,494\ dm^3$.

Bohrung D:

$$V_h = \frac{\pi \cdot D^2}{4} \cdot s \text{ mit s/D = 0,85}$$

$$D = \sqrt[3]{\frac{4 \cdot V_h}{0,85 \cdot \pi}} = 0,904\ dm$$

gewählt: $D = 90mm$

Hub s:

$$s = 0,85 \cdot D = 0,85 \cdot 90\ [mm] = 76,5\ mm$$

gewählt: $s = 77\ mm$

Kontrollen: $s/D = \frac{77\ [mm]}{90\ [mm]} = 0,856$

$$\frac{\pi}{4} \cdot (0,90)^2\ [dm^2] \cdot 0,77\ [dm] = 0,490\ dm^3 = V_h$$

mittlere Kolbengeschwindigkeit c_m:

$$c_m = 2 \cdot s \cdot n = 2 \cdot 0,077\ [m] \cdot 90\ [s^{-1}] = 13,86\ m/s$$

<u>Liefergrad λ_{Ln}:</u>

$$p_e = 10^{-2} \cdot \lambda_{Ln} \cdot \eta_e \cdot \frac{H_u}{\lambda \cdot L_{min}} = 10^{-2} \cdot \frac{P_e \cdot 3600}{\dot{m}_B \cdot H_u} \cdot \lambda_{Ln} \cdot \frac{H_u}{\lambda \cdot L_{min}}$$

$$p_e = 10^{-2} \cdot 3600 \cdot \frac{\lambda_{Ln}}{b_e \cdot \lambda \cdot L_{min}} = 36 \cdot \frac{\lambda_{Ln}}{b_e \cdot \lambda \cdot L_{min}} \qquad \text{(s.S 23, 31)}$$

$$\lambda_{Ln}\ [m_n^3/m^3] = \frac{p_e\ [bar] \cdot b_e\ [kg/kWh] \cdot \lambda\ [-] \cdot L_{min}\ [m_n^3/kg]}{36}$$

λ und b_e sind für die hier betrachteten Otto- und Dieselmotoren relativ eng begrenzte Werte (s.S. 35):

Ottomotor:	$0,9 \leq \lambda \leq 1,1$	$(0,280 \leq b_e \leq 0,350)\ [kg/kWh]$
Dieselmotor:	$1,2 \leq \lambda \leq 1,8$	$(0,200 \leq b_e \leq 0,250)\ [kg/kWh]$

L_{min} beträgt sowohl für Otto- als auch für Dieselkraftstoff etwa 11 m_n^3/kg (s.S. 39).

Gewählt $\quad \lambda = 0,95 \qquad b_e = 0,320\ kg/kWh$

Damit wird: $\lambda_{Ln} = \dfrac{8,44\ [bar] \cdot 0,320\ [kg/kWh] \cdot 0,95 \cdot 11\ [m_n^3/kg]}{36}$

$\lambda_{Ln} = 0,78\ m_n^3/m^3$

Erfahrungswerte:

Viertaktmotor (o. Aufl.) $\quad \lambda_{Ln} = 0,7 \ldots 0,9 m_n^3/m^3$
Zweitaktmotor mit
Kurbelkammergebläse $\quad \lambda_{Ln} = 0,5 \ldots 0,7 m_n^3/m^3$

b) Mit der Netzfrequenz f = 50 Hz ist die Motordrehzahl mit $n = 25\ s^{-1}$ ($1500\ min^{-1}$) vorgegeben. Wegen der rel. niedrigen Drehzahl und da keine Einbaubeschränkung vorliegt, wird ein langhubiger Motor gewählt. Das ergibt einen günstigen Brennraur (direkte Einspritzung, gute Wärmeabfuhrbedingungen) und geringe Lagerbeanspruchung durch Gaskräfte.

$s/D = 1,3$

$c_m = 7\ m/s$ (s.S24)

Die niedrige Kolbengeschwindigkeit garantiert hohe Lebensdauer.

Hub: $\quad s = \dfrac{c_m}{2 \cdot n} = \dfrac{7\ [m/s]}{2 \cdot 25\ [s^{-1}]}\ 0,14\ [m] = 140\ mm$

Bohrung: $\quad D = \dfrac{s}{1,3} = \dfrac{140}{1,3} = 107,7\ mm$

gewählt: $\quad D = 108\ mm$

Zylinderhubvolumen: $\quad V_h = \dfrac{\pi}{4} \cdot D^2 \cdot s = \dfrac{\pi}{4} \cdot (1,08)^2\ [dm^2] \cdot 1,4\ [dm] = 1,283\ dm^3$

Um die mechanischen und thermischen Belastungen gering zu halten und einen gleichmäßigen Motorgang zu erzielen, wird die Zylinderzahl zu $\underline{z = 6}$ gewählt.
Gesamthubvolumen: $V_H = z \cdot V_h = 6 \cdot 1,283\,[dm^3] = 7,698\,dm^3$

Literleistung $\frac{P_e}{V_H} = \frac{75\,[kW]}{7,698\,[dm^3]} = 9,7\,kW/dm^3$

Nutzmitteldruck $p_e = \frac{P_e \cdot a \cdot 10}{V_H \cdot n}$ (Zahlenwertgleichung!)

$$p_e = \frac{75\,[kW] \cdot 2 \cdot 10}{7,698\,[dm^3] \cdot 25\,[s^{-1}]} = 7,79\,[\text{bar}]$$

Liefergrad: Annahmen: $\lambda = 1,4$; $b_e = 0,230\,kg/kWh$

$$\lambda_{Ln} = \frac{7,79\,[\text{bar}] \cdot 0,230\,[kg/kWh] \cdot 1,4 \cdot 11\,[m_n^3/kg]}{36}$$

$$\lambda_{Ln} = 0,77\,m_n^3/m^3$$

Gegenüberstellung der Werte:

	Ottomotor	Dieselmotor
$P_e\,[kW]$	75	75
z	4	6
$n\,[s^{-1}]$	90	25
$s/D\,[-]$	0,85	1,3
$c_m\,[m/s]$	13,9	7
$V_H\,[dm^3]$	1,97	7,698
$P_e/V_H\,[kW/dm^3]$	38,3	9,7
p_e [bar]	8,44	7,79
$\lambda\,[-]$	0,95	1,4
$\lambda_{Ln}\,[m_n^3/m^3]$	0,78	0,77
$b_e\,[kg/kWh]$	0,320	0,230

Literaturverzeichnis

Im Text zitierte Literatur

[1] Matschoß. Geschichte der Dampfmaschine. *Springer*, 1901.

[2] Saß. Geschichte des deutschen Verbrennungsmotorenbaues. *Springer*, 1962.

[3] Bensinger. Rotationsmotoren für Kraftfahrzeuge. *ATZ 68*, Seite 164, 1966.

[4] Groth. Vereinfachte Messung des Höhenverhaltens nichtaufgeladener Viertakt-Dieselmotoren. *MTZ 14*, Seite 349, 1953.

[5] Haasler Groth. Gaswechselarbeit und Ladungsendzustand eines 2- und 4-Takt- Ottomotors bei Teillast. *ATZ 62*, Seite 51, 1960.

[6] Woschni. Beitrag zum Problem des Wärmeübergangs im Verbrennungsmotor. *MTZ 26*, Seiten 128,321, 1965.

[7] Woschni. Elektronische Berechnung von Verbrennungsmotor-Kreisprozessen. *MTZ 26*, Seite 439, 1965.

[8] Froede. Auszüge aus neueren Entwicklungsarbeiten am Kreiskolbenmotor Bauart NSU/Wankel. *MTZ 24*, Seite 113, 1963.

[9] Dörges Klüsener. Versuche über Leistungsunterschiede in den Zylindern eines Viertaktmotors. *MTZ 16*, Seite 230, 1955.

[10] Groth. Das Betriebsverhalten des schnellaufenden Zweitakt-Ottomotors mit Einspritzung und seine Entwicklungsmöglichkeiten. *Deutsche Kraftfahrtforschung und Straßenverkehrstechnik*, (125), 1959.

[11] Meurer. Das MAN-M-Verbrennungsverfahren. *VDI-Z. 98*, Seite 595, 1956.

[12] Schröder Klüsener. Versuche an Zweitaktmaschinen mit Kurbelkastenspülung. *MTZ 13*, Seite 56, 1952.

[13] Groth. Schwingungen in der Druckleitung von Kolbenmaschinen. *VDI Forschungsheft 440*, 1953.

[14] Schmidt. *Verbrennungskraftmaschinen.*

[15] Zinner. Die Aufladung von Viertakt-Dieselmotoren. *MTZ 11*, Seite 57, 1950.

[16] Kühner. Das theoretisch mögliche Verdichtungsverhältnis von Trochoidenmaschinen. *MTZ 26*, Seite 377, 1965.

[17] Froede Wankel. Bauart und gegenwärtiger Entwicklungsstand einer Trochoiden-Rotationskolbenmaschine. *MTZ 21*, Seite 33, 1960.

[18] Groth. Konstruktive Probleme und Erfordernisse bei der Entwicklung schnellaufender Hochleistungsdieselmotoren. *Konstruktion 17*, Seite 425, 1965.

[19] Groth. Die Konstruktion schnellaufender Hochleistungsdieselmaschinen - ihre Probleme und Anforderungen an den Konstrukteur. *Konstruktion 21*, Seite 381, 1969.

Handbücher

[20] Bosch. Kraftfahrtechnisches Taschenbuch. *VDI-Verlag*, 1966.

[21] Bussien. Automobiltechnisches Handbuch. *Cram*, 1965.

[22] Hütte II A. Abschnitt „Kolbenmaschinen". *Ernst & Sohn*, 1954.

Lehrbücher

[23] Bock, Mau. Die Dieselmaschine im Land- und Schiffsbetrieb. *Vieweg*, 1968.

[24] Endres. Verbrennungsmotoren I, II (III). *Sammlung Göschen*, 1966 & 1968.

[25] Krämer. Bau und Berechnung der Verbrennungsmaschinen. *Springer*, 1963.

[26] Küttner. Kolbenmaschinen. *Teubner*, 1967.

[27] Löhner. Die Brennkraftmaschine. *VDI-Verlag*,1963.

[28] Oehler. Brennkraftmaschinen. *Girardet*, 1965.

[29] Ricardo. Der schnellaufende Verbrennungsmotor. *Springer*, 1967.

[30] Schmidt, F.A.F. Verbrennungskraftmaschinen . *Springer*, 1967.

[31] Taylor. The Internal Combustion Engine in Theory and Practice. *M.I.T Press*, 1966 (Band. I) & 1968 (Band II).

[32] Mettig. Die Konstruktion schnellaufender Verbrennungsmotoren. *Walter de Gruyter*, 1973.

[33] Grohe. Otto- und Dieselmotoren. *Vogel-Verlag*, 1973.

Weitere Fachbücher

[34] Bensinger. Die Steuerung des Gaswechsels in schnellaufenden Verbrennungsmotoren. *Springer*, 1968.

[35] Bensinger, Meier. Kolben, Pleuel und Kurbelwelle bei schnellaufenden Verbrennungsmotoren. *Springer*, 1961.

[36] Haug. Die Drehschwingungen in Kolbenmaschinen. *Springer*, 1952.

[37] Jantsch. Kraftstoff-Handbuch. *Frankh'sche Verlagsbuchhandlung*, 1960.

[38] Lang. Triebwerke schnellaufender Verbrennungsmotoren. *Springer*, 1966.

[39] Löhner, Müller. Gemischbildung und Verbrennung bei Dieselmotoren. *Springer*, 1966.

[40] Neugebauer. Kräfte in den Triebwerken schnellaufender Kolbenkraftmaschinen. *Springer*, 1952.

[41] Sitkei. Kraftzstoffaufbereitung und Verbrennung bei Dieselmotoren. *Springer*, 1964.

[42] Wankel. Einteilung der Rotations-Kolbenmaschinen. *DVA*, 1963.

[43] Zinner. Aufladung von Verbrennungsmotoren. *Springer*, 1975.

Fachzeitschriften

[44] ATZ. Automobiltechnische Zeitschrift. *Frankh'sche Verlagsbuchhandlung*,.

[45] MTZ. Motortechnische Zeitschrift. *Frankh'sche Verlagsbuchhandlung*, .

Weitere Literaturangaben sind in [24] enthalten.

Sachwortverzeichnis

Strömungs- und Kolbenmaschinen

von Hermann Th. Wagner, Klaus J. Fischer und
Joachim-Dietrich Frommann

*4., überarbeitete Auflage 1993. XVI, 446 Seiten mit
270 Abbildungen (Viewegs Fachbücher der Technik) Kart.
ISBN 3-528-34039-8*

Aus dem Inhalt: Arbeitshinweis und allgemeine Grundlagen – Wärmelehre – Verbrennung – Kreisprozesse – Kolbenmaschine – Verbrennungsmotoren – Kolbenverdichter – Kolbenpumpen – Einführung in die Strömungslehre – Strömungsmaschinen – Kreiselpumpen – Wasserturbinen – Der Aggregatzustand und seine Änderung – Die Dampferzeugung – Dampfturbinen – Gasturbinen (Raketen- und Strahltriebwerke) – Entwicklungstendenzen – Anhang – Lösungen der Übungsaufgaben.

Verlag Vieweg · Postfach 58 29 · 65048 Wiesbaden

vieweg